The Art of NASA

The Illustrations That Sold the Missions

NASA 太空简史

美 国 太 空 之 旅 的 视 觉 故 事

[美] 皮尔斯·比佐尼 著　　张智慧 译

人民邮电出版社

北 京

图书在版编目（CIP）数据

NASA太空简史：美国太空之旅的视觉故事 ／（美）皮尔斯·比佐尼著；张智慧译. -- 北京：人民邮电出版社，2023.5
ISBN 978-7-115-60333-3

Ⅰ．①N… Ⅱ．①皮… ②张… Ⅲ．①空间探索－历史－美国 Ⅳ．①V11

中国版本图书馆CIP数据核字(2022)第200121号

版权声明

内容提要

本书由知名科普作家撰写，以 NASA（美国国家航空航天局）的航天任务为线索，展示了艺术家为 NASA 在不同历史时期的航天任务创作的近 200 幅艺术图，书中的每一幅图片都体现了时代的特征，来源于艺术家忠实的记录或瑰丽的想象。

本书开篇介绍了美国最初飞向太空的梦想，展示了太空时代的到来。第 1 章介绍了 NASA 的创立背景、美国的太空行走等早期向近地轨道探索的过程。第 2 章介绍了 NASA 历史上的高光时刻——阿波罗登月计划，展示了阿波罗计划中火箭发射、太空飞行、登月、返回的过程，以及 20 世纪 70 年代发射的美国空间站。第 3 章介绍了美国的航天飞机时代，展示了航天飞机飞翔在天空中或停留在太空中的多个场景。第 4 章是对未来 NASA 航天任务的畅想，艺术家表现出了 NASA 对未来载人登陆火星和重返月球的期望。第 5 章介绍了未归类到以上 4 章的 NASA 探索太空的其他项目，包括对太阳、木星、土星的探索，也包括在太空建造人类家园的想象，等等。

◆ 著　　　　［美］皮尔斯·比佐尼

　　译　　　　张智慧

　　责任编辑　胡玉婷

　　责任印制　马振武

◆ 人民邮电出版社出版发行　　北京市丰台区成寿寺路 11 号

　　邮编　100164　　电子邮件　315@ptpress.com.cn

　　网址　https://www.ptpress.com.cn

　　北京华联印刷有限公司印刷

◆ 开本：787×1092　1/12

　　印张：16　　　　　　　　　　2023 年 5 月第 1 版

　　字数：394 千字　　　　　　　2023 年 5 月北京第 1 次印刷

　　著作权合同登记号　图字：01-2022-0292 号

定价：169.80 元

读者服务热线：**(010)81055493**　印装质量热线：**(010)81055316**
反盗版热线：**(010)81055315**
广告经营许可证：京东市监广登字 20170147 号

推荐序

受出版社编辑邀请，很荣幸能为NASA这套书撰写总序。我想从3个方面来说一下这套书，即这套书的内容是什么，我们为什么需要这样的一套书，以及未来我们能不能有一套类似的原创书。

这是一套关于航天航空的科普图书，分别简述了航天飞机的历史，太空探索的历史和火星探测的历史，当然这些历史都是NASA视角下的。近些年来，图书市场上兴起了一股"简史"热，这股热潮似乎起源于霍金的《时间简史》。我认为，"简史"不是简化的，不是简陋的，也不应该是简略的，而应是简朴、言简意赅和简明扼要的，是简约而不简单。而呈现在各位眼前的这3本书就具有这样的特征。如今，我们进入了一个读"频"的时代，尤其是随着社交媒体的日益发展，短视频成为人们获取日常信息的重要渠道，传统的纸质图书似乎日渐式微，已成明日黄花。但是对于任何一个想系统了解某个领域的知识的人来说，阅读图书依然是一个不二的选择，而这套书可以让读者朋友在重拾阅读快乐的同时获取到更多的科学知识。

我们经常说"一图胜千言"，对于一本质量上乘的科普图书来说，图片不仅仅是文字内容的补充，有时候甚至是主角。在此，我不得不说一下这套图书最大的亮点之一—精美绝伦的图片。这套书的编辑告诉我，版权方只把书中原图提供给指定的印刷厂，足见其对图片质量的重视。而我在第一次看到这套书时，就被书中的高清图片深深吸引，相信各位读者朋友也一定会被那一张张极具科学之美的图片"迷住"。

这套书从科学的视角，用读者可以理解的、通俗易懂的语言介绍了航天飞机的历史、太空探索的历史，以及探索火星的历史。物理学家爱因斯坦在《论科学》一文中曾经深有感触地说："想象力比知识更重要，因为知识是有限的，而想象力概括着世界的一切，推动着进步，并且是知识进化的源泉。"这套书中的图片不仅能增强青少年读者的想象力，满足他们的好奇心，也能在某种程度上激发青少年读者的探索欲望。火箭理论先驱康斯坦丁·齐奥尔科夫斯基曾说过："科学的发展最初起源于幻想和童话，然后经过科学计算，最终才能梦想成真。"相信这套书必将让青少年读者在收获更多科学知识的同时激发出更多的想象力和更强的好奇心。

发展航天事业，建设航天强国，是我们不懈追求的航天梦。从2021年4月29日的天和核心舱成功发射入轨，到完成以天和核心舱、问天实验舱和梦天实验舱为基本构型的空间站组装，我们已经建起一座国家级太空实验室；从2004年中国正式开展月球探测工程，到2022年中秋节前夕我国科学家宣布首次在月球上发现被命名为"嫦娥石"的新矿物；从2016年1月11日中国火星探测任务正式立项，到天问一号环绕器进行环火星探测，以及"祝融号"火星车巡视探测火星表面……这一系列"大动作"的背后既有很多精彩的瞬间，也有太多可以记录和传颂的故事，还有很多可以转换为科普内容的科技资源，这些都可以成为向全世界公众进行科普的内容和素材。在航天领域科普中，不能没有中国声音和中国故事，希望这套书的引进与出版可以为我们做好原创航天科普提供更多的经验。

王大鹏

中国科普研究所副研究员

中国科普作家协会理事

目 录

梦想萌芽

看艺术如何呈现通向太空之路

以今天的标准看来，NASA（美国国家航空航天局）在其火箭计划早期公开的解释性图画未免粗糙了一些。媒体上首次发布的美国首个载人航天器水星号飞船在细节上过于简略。那个年代的报纸上的照片和插图通常并非彩色印刷，以传播为目的的图片均以黑白为主。在20世纪60年代的大部分时间里，美国家庭客厅里的电视机大多是黑白的，只有个别著名的时尚杂志带有彩色内容，比如《生活》杂志用彩色的图片生动地呈现了NASA水星号飞船中的航天员形象。彩色对形象的展现非常重要。《国家地理》杂志委托杰出的艺术家们，如皮埃尔·米恩和戴维斯·梅尔策用艺术的方式描绘新兴的太空探索征程，而不是用相机捕捉火箭发射的那一瞬间。这些艺术家们描绘的飞船和航天员，可以展现出一些相机无法拍到的角度的姿态。

商业杂志和NASA的官方宣传手册通常在内容上是重叠的，因为关注太空主题的商业艺术家经常为制造火箭硬件的公司和展示太空故事的杂志同时做插画。第一幅像样的水星号飞船的彩色剖面图并非来自NASA官方，而是来自航天器制造公司的企业资料，并且被媒体以黑白图片的方式广泛传播。

双子座计划也是用单色的图片进行宣传的。但在20世纪60年代中期，关于登月竞赛的彩色宣传画开始频繁地出现在报摊上。媒体对于印刷品的审美不断推动着艺术的发展。

NASA的新闻部门、照片处理部门和图形团队开始以工业化规模运作，以确保美国公民能够随时了解有关国家太空项目的每一个小细节。

阿波罗计划是复杂且充满变数的任务，包括发射、对接、分离、着陆、起飞、机动交会、舱段抛离以及伞降着陆等过程，丰富的内容对NASA及其承包商的创作提出了更高的要求。和往常一样，很多艺术作品从航天器外部的无法到达的太空视角展示了这一复杂的"太空芭蕾"活动。到了1968年，在真正的阿波罗登月飞行任务实施之际，艺术家们创作的效果图已经非常细致，在技术上也趋于成熟。

水星号飞船时期那种将解释性标签胡乱贴在粗略草图上的宣传图已经一去不返了。即使一些报纸因为印刷限制只能用黑色墨水或双色墨水，也会采用墨水深浅及阴影变化来体现丰富的色彩变化。很多艺术家在阿波罗计划早期创作的插画无须全彩即可脱颖而出，成为展示月球任务概况的经典之作。比如卢德维克·津巴以及W.科洛皮的作品以及《洛杉矶时报》艺术总监拉斯·阿拉斯米斯的作品。艺术在NASA的宣传中扮演的不仅仅是解读技术发展的角色，还有更多的贡献。1962年，NASA局长詹姆斯·韦布和华盛顿特区国家美术馆的赫里沃德·库克向杰出的艺术家发出邀请函，邀请他们参观NASA并根据自己的印象创作作品。韦布和库克在参观中滔滔不绝地谈论太空活动对艺术与科学的需求。"每一次航天发射，每个瞬间都有200多台摄像机在记录。"他们说，"相机能把事物拍摄下来，却无法给出更明确

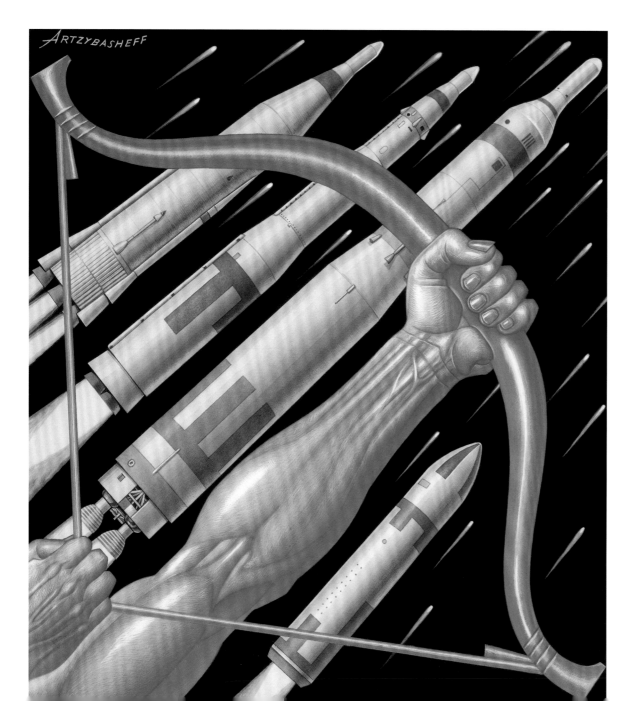

◀冷战时期的火箭群

这幅名为"力量之肌"的作品展现了美国火箭的力量，由鲍里斯·阿兹巴舍夫于1963年创作。在美国人为核战争和苏联导弹优势感到焦虑的时期，这位艺术家为《时代》杂志创作了许多与这幅作品相似的图画。美国的夸张报道导致了恐惧的产生，这种恐惧的情绪进一步开启了美国把导弹改装为火箭的太空竞赛。

的阐释。事件的隐藏意义需要艺术家来揭示。"被选中的艺术家可以自由出入NASA，这在今天是不可想象的。

以创作旧西部生活场景作品而闻名的艺术家保罗·卡勒接受了挑战，创作出了有关航天员和飞船的精美铅笔素描作品，同时满足了科学严谨和艺术演绎的双重需求。同样，在保证所有的技术细节都准确的情况下，帕梅拉·李在塑造航天飞机航天员的形象时以人为本，体现了温暖的人文关怀。（感谢帕梅拉允许我们在本书中使用她的精彩作品。）著名航空插画家罗伯特·麦考尔创作了风格浪漫且技术精准的插画，满足了航天爱好者的需求。还有一些美术师，如拉马尔·多德、米切尔·贾米森以及詹姆斯·韦思，创作出了令人印象深刻的作品，在发射台周围奇异的开阔景观中，布满电线、开关、电缆和刻度盘，还有穿着银色服装的人类被嵌入飞船中。其中一件主要作品作为艺术品被收藏在华盛顿特区的史密森学会航空航天博物馆内。

梦想的重要性

时代变了。2004年，歌手兼表演艺术家劳丽·安德森接受了NASA为期一年的创作委托。她酷爱梦幻般的电子实验，对现代科技文化有着强烈的好奇心，是一个能够以奇特而独立的眼光看待航天活动的完美艺术家。遗憾的是，那时美国国会已经忘记了艺术的重要性。当听说安德森一年将获得2万美元的酬金时，一些议员成功阻止了该项目。他们说："NASA不应该把纳税人的钱花在表演艺术家身上。"但是这种狭隘的想法可能会影响美国未来太空事业的发展。

火箭理论先驱康斯坦丁·齐奥尔科夫斯基在1905年说："科学的发展最初起源于幻想和童话，然后经过科学计算，最终才能梦想成真。"插图和艺术作品为未来的太空梦想提供了重要帮助，其中的一些梦想最终会实现。

当NASA发布阿波罗任务中航天员用携带的哈苏相机拍摄的令人惊叹的照片时，我们看到了他们所看到的景象：在漆黑的宇宙空间中，蓝色的地球孤独又美丽地悬挂在空中，与灰蒙蒙的毫无生气的月球表面形成鲜明对比；航天员在展开的脐带绳末端失重漂浮；穿着白色服装的航天员，戴着金色的面罩，扬起月球上的灰尘。我们可以想象自己以航天员的角度，拍摄在太空黑暗背景下的同事或轮廓柔和的月球山。这些照片具有重大的社会价值，每一次回看这些照片，我们都会被它们那清新、永恒之美所震撼。但NASA的故事不只有照片。

档案存储的困难

在航天任务发射之前，艺术家会创作很多解释性的图画，来告诉人们即将实施发射的任务内容。其中的大多数被认为"不再那么重要"，因此已经遗失，这就成为历史记录中的一段空白。出版本书是为了填补这些空白，但还任重道远，因为NASA是一个航天机构，而不是一个博物馆，半个多世纪以来，丢失的历史资料比找回的要多得多。

同样的情形也发生在航天制造商身上。他们是企业而不是博物馆，不会将有限的昂贵的仓库空间用来存储无利可图的档案。虽然航天公司的历史学家们在尽力保存史料，但随着航空航天行业中企业并购的情况不断发生，很多事情超出人力的可控范围。在对那些饱经风霜的机库和老旧的办公楼进行清理的过程中，成堆的"多余的"画稿和档案被扔进了垃圾箱。

▲脱离地球的束缚

图为艺术家罗伯特·尼科尔森在 1960 年为
X-15 火箭动力飞机创作的插画。

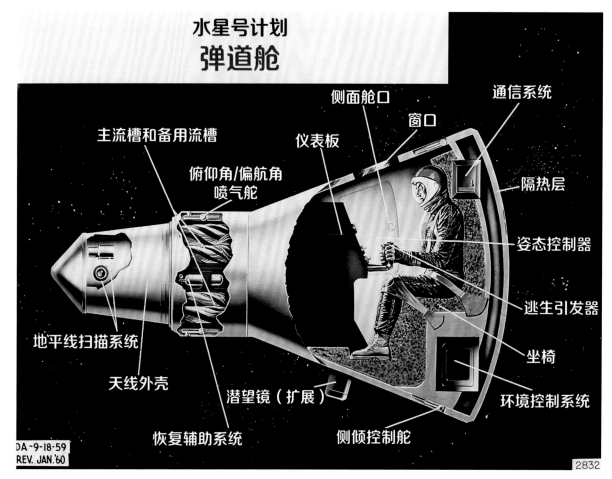

水星号计划
弹道舱

主流槽和备用流槽

侧面舱口

窗口

通信系统

仪表板

俯仰角/偏航角
喷气舱

隔热层

姿态控制器

逃生引发器

坐椅

地平线扫描系统

天线外壳

潜望镜（扩展）

环境控制系统

恢复辅助系统

侧倾控制舱

DA-9-18-59
REV. JAN.'60

2832

▶美国首个载人航天器

这可能不是航天史上最优秀的技术插画，但它仍然意义重大。这是载人飞船首次被呈现给大众，展示出了一些即将实际建造和飞行的组件。左下角标明了日期信息。

就早期的原始资料而言，只有NASA任务的胶片带在特殊的保险库中受到了很好的保护。这些第一代实物被视为国宝。美国早期多数关于太空的资料都是半旧的重印品，或者是模糊的复制品。

成千上万份装饰着光滑字母图案的手绘稿被放在硬质白纸上作为半成品，它们先被做成底片，然后被分发制作成为正片印制品。然后，这些底片被放到金属板上进行酸蚀刻，以便被印刷到技术人员说明手册中。通常，原始的纸质艺术品被视为中间过程稿，一旦照片和印刷模板被制作出来，大部分中间过程稿就会被丢弃，因此现在甚至技术人员说明手册也是可收藏的珍品。无数华丽的彩色原画作也面临着同样的命运，一旦把它

们变成精美印刷品和迷人的平版画的"重要"业务完成后，大多数的原画作被抛弃了。如今，与太空有关的平版画极为罕见。令人高兴的是现在很多档案管理员正在寻找他们能找到的所有与太空有关的记录，并通过摄影和印刷技术来尽可能高品质地重现重要艺术品。

我非常感谢保罗·费杰尔德、埃德·恩格维尔德、埃里克·琼斯、斯科特·洛瑟、罗恩·米勒和基普·蒂格，他们是太空时代的一流历史学家，对NASA的艺术作品有着深厚的知识储备。读者如果有兴趣的话可以通过网络找找这些人的记录。

我要特别感谢迈克·阿克斯，他是一名民间档案管理员，在他的藏品中有在其他地方看不到的稀有物品——它们自从被NASA及其承包商首次

The world's first liquid hydrogen engine works in space

Pratt & Whitney Aircraft's liquid hydrogen RL10 engines have powered the successful space flights of the Douglas Saturn S-IV and Centaur®, built by General Dynamics/Astronautics. Flawless RL10 performance in both launches signals a new era in space vehicle propulsion. The Pratt & Whitney Aircraft RL10 design was developed at the division's Florida Research and Development center for NASA's Marshall Space Flight Center. These engines are today's pioneers in advancement of propulsion technology for future space missions.
*The Centaur flight was under the direction of NASA's Lewis Research Center.

Pratt & Whitney Aircraft

House power for our moon men will come from an efficient new fuel cell developed by Pratt & Whitney Aircraft for the National Aeronautics and Space Administration's Manned Spacecraft Center The fuel cell will generate life-sustaining electrical power during the Apollo spacecraft's round-trip voyage to the moon Pratt & Whitney Aircraft provides design and manufacturing leadership in power for many applications, in and out of this world.

Pratt & Whitney Aircraft U A

◀宣传太空时代

普拉特·惠特尼公司的广告展现了艺术家对太空探索的贡献。很多一流艺术家的作品是为商业用途而创造的，但由于制造商与NASA关系非常密切，其中的许多插画也进入了NASA的宣传文件中。

创作出来后，已经有半个多世纪不曾被看到。迈克在网上展示的大量藏品令人惊叹。事实上，他熟知那些艺术家们的个人经历，也非常熟悉那些罕见的作品。同样循着网络，你能找到J.L.皮克林，他是一位重要的航天历史学家，也是一位非常优秀的NASA历史图像档案管理者。他为本书提供了大量精彩图片。也感谢帕特里克·肖特发现了卡尔·佐施克的罕见作品，卡尔是20世纪60年代早期的商业插画家，他的名字现在几乎没有人记得，尽管他值得被记住。

尽管"官方记录"随着时间的推移不断减少，NASA还是利用4英寸×5英寸（10.2厘米×12.7厘米）的彩色胶片保留了许多重要艺术品的优秀副本。本书还要感谢华盛顿特区NASA总部的多媒体联络员伯特·乌尔里希和NASA高级摄影研究员康妮·摩尔的帮助，按照我提供的模糊线索，康妮耐心地为我找到并重新扫描了许多宝贵图片。此外，资深照片档案管理员、NASA公共事务前主管迈克·根特利也是我的一位好朋友，他经常告诉我一些我不知道的事情，并提供了很多帮助。

然而，任何熟悉NASA历史的人都知道，尽管有这些幸存下来的财富，但更多的东西已被遗失，尤其是大量的原始图像和插画。

在NASA的退役人员、航空航天业退休工人的家中，以及被遗忘的新闻办公室的文件柜里，有些东西并没有完全被归入数字图书馆。请睁大眼睛，如果你发现了什么，请告诉我。

▶穿着闪亮盔甲的英雄

该图以阿波罗飞船的后继版本为主题，展示了20世纪60年代早期的空间站概念。

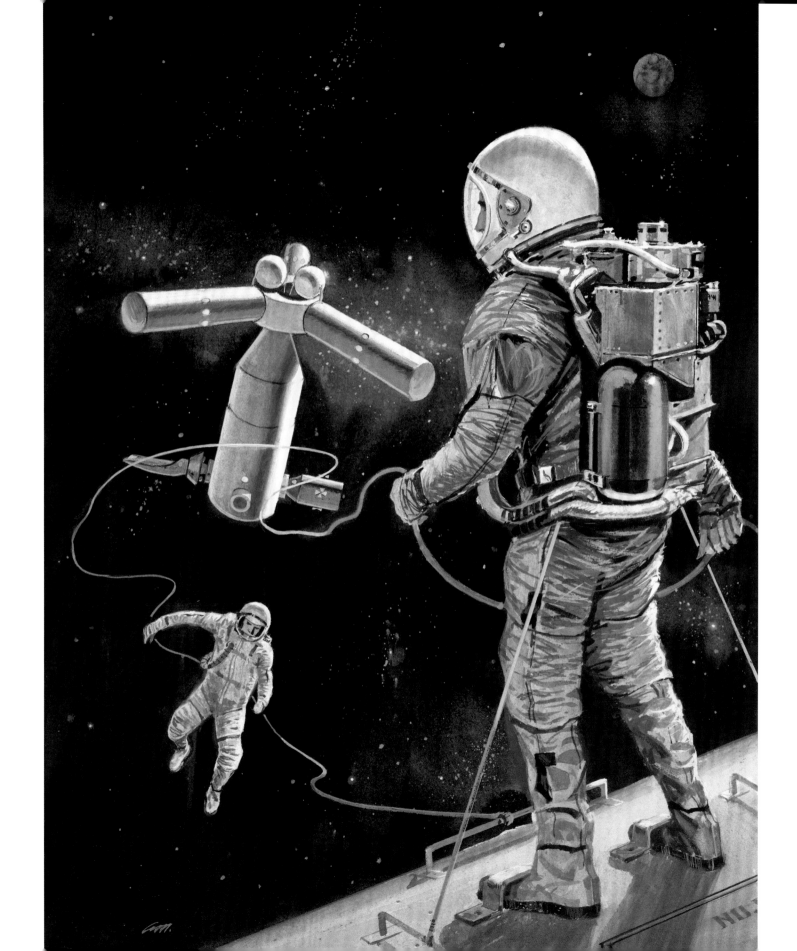

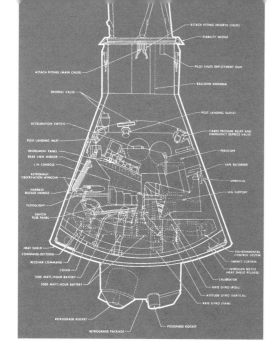

1

新大洋

美国航天时代的曙光

1954年，很多专家预测人们将在21世纪初建立轨道空间站并执行月球任务。他们谁也没有想到，人类仅在7年后就首次进入太空。

▶大胆的梦想

这是 NASA 的制造商公司的宣传画。20 世纪 50 年代，很多公司都提出诸如此类的愿景。他们渴望能将太空科幻小说的场景转化为现实。

1954年，美国公众被告知："科学家和工程师们已经知道了如何在太空中建造一个环绕地球运行的空间站。这项工作将需要10年的时间，成本是研制原子弹的两倍。"这一愿景通过当时大众彩色插图杂志《科利尔》上的一系列文章呈现给了众多读者。1952年到1954年，该杂志发表了7篇与太空相关的重要文章，包括对月球和火星任务的畅想。德国裔火箭先驱冯·布劳恩设计的用于未来航天任务的发射体系也被切斯利·博恩斯特尔、罗尔夫·克莱普以及弗雷德·弗里曼通过插画带入人们的生活。博恩斯特尔在一幅作品中描绘了有火箭动力飞机的空间站，在前景中，一艘巨大的着陆飞行器正在为"未来25年内"的月球任务做准备。飞行器顶端的巨大的球状空间站绕着中心轴慢慢旋转，其中的航天员享受着由旋转产生的人工重力。

威利·莱伊是一个成功的航天科普作家，他与冯·布劳恩合作创作了很多航天科普文章，并出版了不少相关图书。20世纪30年代以来，大多数科普文章或图书中提到的航天梦想对火箭梦想家和科幻爱好者而言都很熟悉，但《科利尔》杂志中的文章首次将这些梦想呈现给普通公众，让

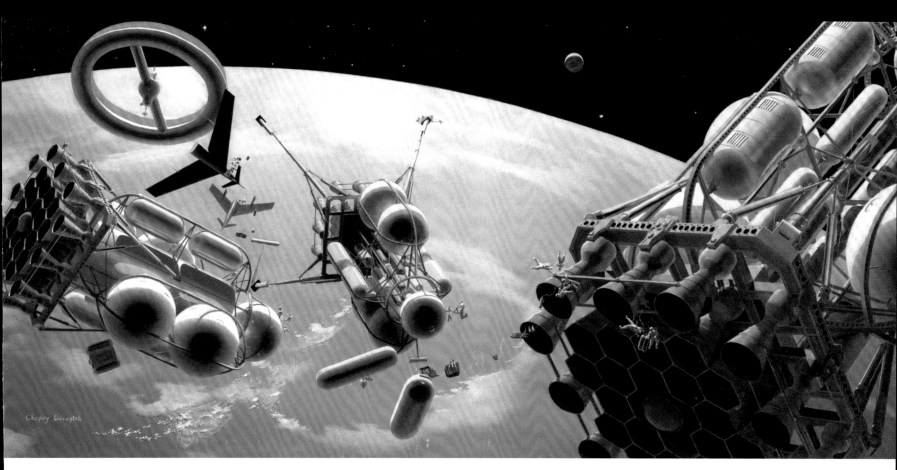

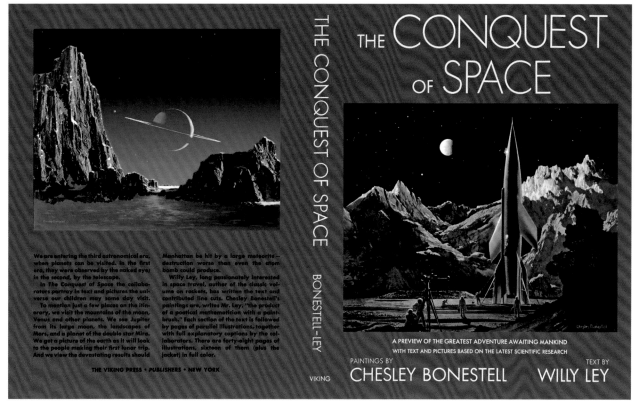

THE CONQUEST OF SPACE

THE CONQUEST OF SPACE

BONESTELL·LEY

VIKING

A PREVIEW OF THE GREATEST ADVENTURE AWAITING MANKIND
WITH TEXT AND PICTURES BASED ON THE LATEST SCIENTIFIC RESEARCH

PAINTINGS BY
CHESLEY BONESTELL

TEXT BY
WILLY LEY

We are entering the third astronomical era, when planets can be visited. In the first era, they were observed by the naked eye; in the second, by the telescope.
In *The Conquest of Space* the collaborators portray in text and pictures the universe our children may some day visit.
To mention just a few places on the itinerary, we visit the mountains of the moon, Venus and other planets. We see Jupiter from its large moon, the landscapes of Mars, and a planet of the double star Mira. We get a picture of the earth as it will look to the people making their first lunar trip. And we view the devastating results should

Manhattan be hit by a large meteorite—destruction worse than even the atom bomb could produce.
Willy Ley, long passionately interested in space travel, author of the classic volume on rockets, has written the text and contributed line cuts. Chesley Bonestell's paintings are, writes Mr. Ley, "the product of a poetical mathematician with a paintbrush." Each section of the text is followed by pages of parallel illustrations, together with full explanatory captions by the collaborators. There are forty-eight pages of illustrations, sixteen of them (plus the jacket) in full color.

THE VIKING PRESS · PUBLISHERS · NEW YORK

▲展望太空日常

切斯利·博恩斯特尔在1954年为《科利尔》杂志的太空主题文章绘制的著名插图。图中，带翼航天飞机将部件送入地球轨道，再组装成月球着陆器。

◀太空文学

20世纪中期，上百本图书的出版体现了"太空时代"的到来。1949年首次出版的《征服太空》是最著名的作品之一。

17

▲控制飞船姿态

卡尔·佐施克的作品展现了水星号飞船的
反应控制系统。彩色箭头突出显示了由相
应的推进单元所产生的俯仰、滚转和偏转
等姿态运动。

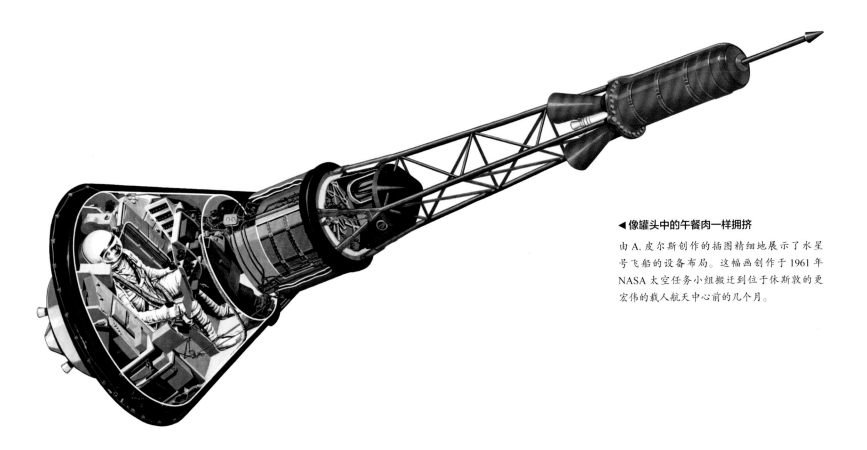

◀像罐头中的午餐肉一样拥挤

由 A. 皮尔斯创作的插图精细地展示了水星号飞船的设备布局。这幅画创作于 1961 年 NASA 太空任务小组搬迁到位于休斯敦的更宏伟的载人航天中心前的几个月。

公众去思考火箭、飞船、空间站和月球旅行的意义。该杂志每月能卖出 300 万册。作为一本大众期刊，它的读者可能超过 1500 万。太空不再只是一个模糊的梦想，而是美国公民愿意认真考虑的事情。

就在《科利尔》杂志关于太空的最后一期特别专题推出 4 年后，美国开始思考要不要把这些幻想变成现实。美国一直计划低调地进入太空，但在 1957 年 10 月 4 日，苏联首先发射了一颗小型人造卫星进入太空。大约 10 个月后，美国通过《美国国家航空暨太空法案》，创建 NASA（1958 年 10 月 1 日，NASA 正式成立）。这个羽翼未丰的航天机构从美国各地的各类小型航空航天研究机构征集了一些载人飞行的想法，这些机构后来也大多被并入 NASA。当时，最先进的项目就是水星计划。一个

小的锥形舱被安装在名为"红石"的一种小型导弹的上方。红石导弹基于冯·布劳恩在第二次世界大战中为德国开发的臭名昭著的 V2 导弹技术的成果研制。

但由原型导弹匆忙改装而成的火箭极不稳定，将这样的火箭用于载人发射的风险很大且费用高昂。不过在 1959 年 4 月，NASA 还是宣布选择了 7 名航天员参加水星计划。当其中的艾伦·谢泼德被选为首个进入太空的人时，公众的兴奋程度达到了顶峰。然而苏联的火箭团队早已准备好了一种名为"东方号"的球形载人飞船。1961 年 4 月 12 日，一位名叫尤里·加加林的年轻人被送入太空，以提前 3 周的优势击败了谢泼德，成为首个进入太空的人。

1961年5月5日，水星号航天员谢泼德由红石号运载火箭发射升空。水星号的飞行轨迹并不是一个完整的地球轨道，而是一个只持续了约15分钟的弧线弹道。加加林乘坐的东方号在环绕地球飞行，而谢泼德的水星号太空舱在离发射地点只有几百千米的地方坠入大西洋。但这次"炮弹"飞行足以证明NASA的能力。1961年5月25日，刚当上总统不久的约翰·F. 肯尼迪发表了一场令人难忘的演讲，将太空称为"新大洋"，并承诺美国将在10年内把人送上月球并安全返回。肯尼迪任命詹姆斯·韦布为NASA的局长。詹姆斯·韦布是一位坚定的领导者，他负责让不同的研究团队共同支持阿波罗计划，合力抵达月球。

选择着陆方式

当NASA认真完成肯尼迪的要求时，最自然的设想是一种直接上升法，即利用一枚巨大的火箭将航天员送到月球表面并把他们带回地球。20世纪40年代末，著名天文艺术家切斯利·博恩斯特尔创作了一幅激动人心的火箭艺术插画，展示了一枚银光闪闪、十分华丽的火箭，这个火箭有独特的光滑的后着陆翼，这是为应对太空中的阻力和空气阻力而专门设计的。几年后，《科利尔》杂志的插画描绘了巨大的着陆飞行器在地球轨道上被逐一组装起来然后飞向月球的场景。NASA担心《科利尔》杂志描绘的计划过于庞大，花费时间太长且经费高昂。他们认为，建造一枚大型

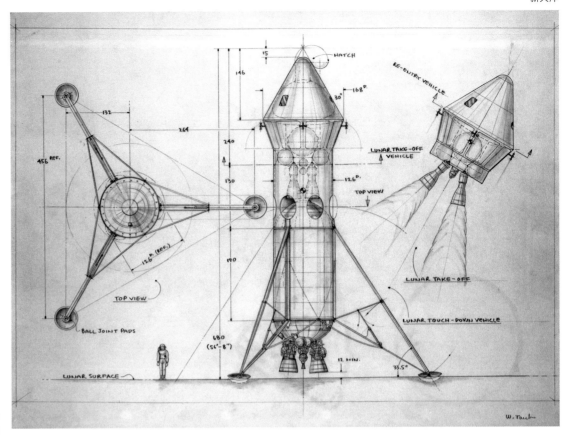

▶从起落架直接上升

这些罕见的设计图由 NASA 工程师威拉德·陶布绘制于 1961 年，描绘了直接上升的登月飞船的两种形式。一种是用三脚起落架支起着陆器尾部，另一种是用起落架进行侧边支撑，将飞船以一个小角度固定，从而把返回舱发射回地球。

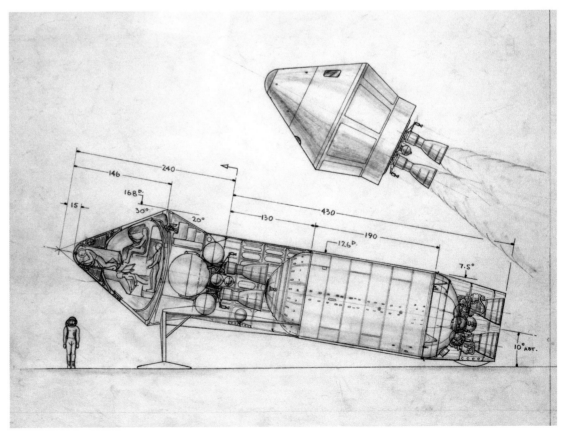

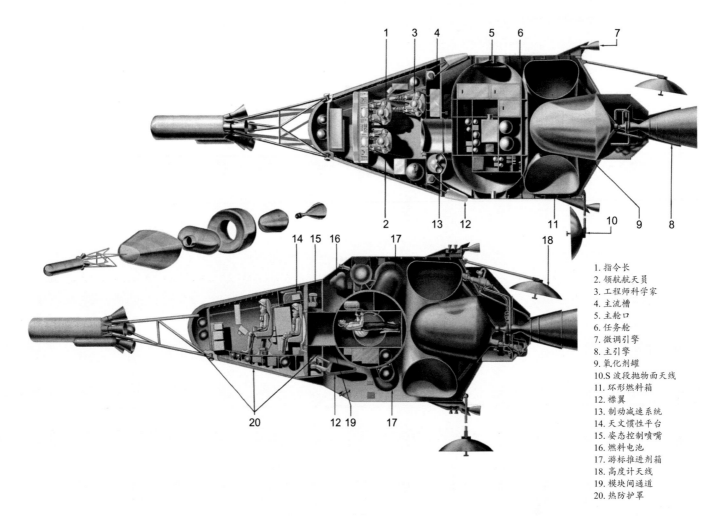

1. 指令长
2. 领航航天员
3. 工程师科学家
4. 主流槽
5. 主舱口
6. 任务舱
7. 微调引擎
8. 主引擎
9. 氧化剂罐
10. S 波段抛物面天线
11. 环形燃料箱
12. 襟翼
13. 制动减速系统
14. 天文惯性平台
15. 姿态控制喷嘴
16. 燃料电池
17. 游标推进剂箱
18. 高度计天线
19. 模块间通道
20. 热防护罩

▲另一个版本的阿波罗飞船

这是在 1961 年提出的 "410 型" 阿波罗飞船
设计图，实属罕见。这个设计图没有被采用。

火箭并一次性完成发射任务，是更好且更快的
办法。

尽管 NASA 的每个人都知道这样的火箭可以
到达月球，但没有人知道如何将它安全降落到月
球表面，火箭末级必须能在月球着陆，并在没有
发射架和地勤人员的情况下再次起飞。它还必须
能携带足够的燃料和设备以及热防护罩，才能确
保在以每小时 40000 千米左右的速度再入地球大
气层时安然无恙。如果这些载荷全都需要被送到
月球表面，并一起从月球表面再次发射，那将需
要非常巨大的火箭。并且，航天员坐在火箭顶部
时无法通过舱窗看到着陆区，操控航天器安全着

陆也是一个相当大的挑战。他们将不得不使用潜
望镜和航天器尾部的摄像机来观察着陆区，同时
控制航天器减速。如果按照最初的简单的设计草
图，阿波罗火箭将用制动器一侧着陆，利用返回
模块倾斜地返回太空。

事实则与此相反，NASA 的工程师约翰·霍
博尔特和航天工业一些伙伴共同为阿波罗火箭构
想了另外一个方案：使用超轻部件建造一个独立
着陆器，安置在火箭的外壳内。主乘员舱以及返
回地球所需的所有燃料和推进系统将留在月球上
方的轨道上，只有轻型着陆器降落到月球表面。

航天员在月球进行一段时间的月面探索后，

▲着陆器近景

1962 年，艺术家卢德维克·津巴和 W. 科洛皮合作创作了这幅登月舱插图，这个登月舱有宽敞的舷窗、1 个前舱口、1 个对接口以及 5 条着陆腿。

着陆器的上面级（结构轻巧而脆弱，你甚至可以用螺丝刀在表面戳个洞）发射起飞，与返回舱会合，留下燃料耗尽的着陆级。这种方式被称为月球轨道交会计划。这是一个聪明的计划，当然，让着陆器发射入轨并寻找返回模块并与之对接也是一项精确的任务。

有人质疑月球轨道交会计划的合理性，担心其危险，但霍博尔特团队认为：正如《科利尔》杂志描绘的理想化模式那样，既然无论地球轨道还是月球轨道，所有的航天员活动都依赖于类似的交会对接程序，那么为什么不在月球轨道上继续采用呢？

NASA赢得了这场争论，一家公司被选中建造一种类似蜘蛛的登月舱。但是，当该公司的艺术家们渲染出首个登月舱概念图时，很多人觉得这一设想完全陌生，难以理解。早期的设计版本展示了一个光滑且轮廓分明的飞船，有细长的蚱蜢般的着陆腿和弧形窗户。在后续的版本中极端的减重需求改变了设计风格，窗户变成了小而平的三角形，腿变得可折叠，飞船优雅的圆形轮廓消失了，取而代之的是多面体形状，这是因为纯粹为航天设计的着陆器不需要光滑的外表面。

到20世纪60年代中期，阿波罗各舱段及运载火箭已经基本上展示给美国公众。1969年初，艺术家克雷格·卡瓦菲斯的一幅作品显示：登月舱将是一个金银色的机器，而不是之前经常被描述的那种有黑色条纹的白色机器。

◀危险的训练工具

这是卡尔·佐施克在1963年为研究月球的着陆器的制造商创作的一幅令人印象深刻的作品。这种飞行器创意新颖但形状丑陋，不过它在训练阿波罗计划的航天员登月方面发挥了重要作用。

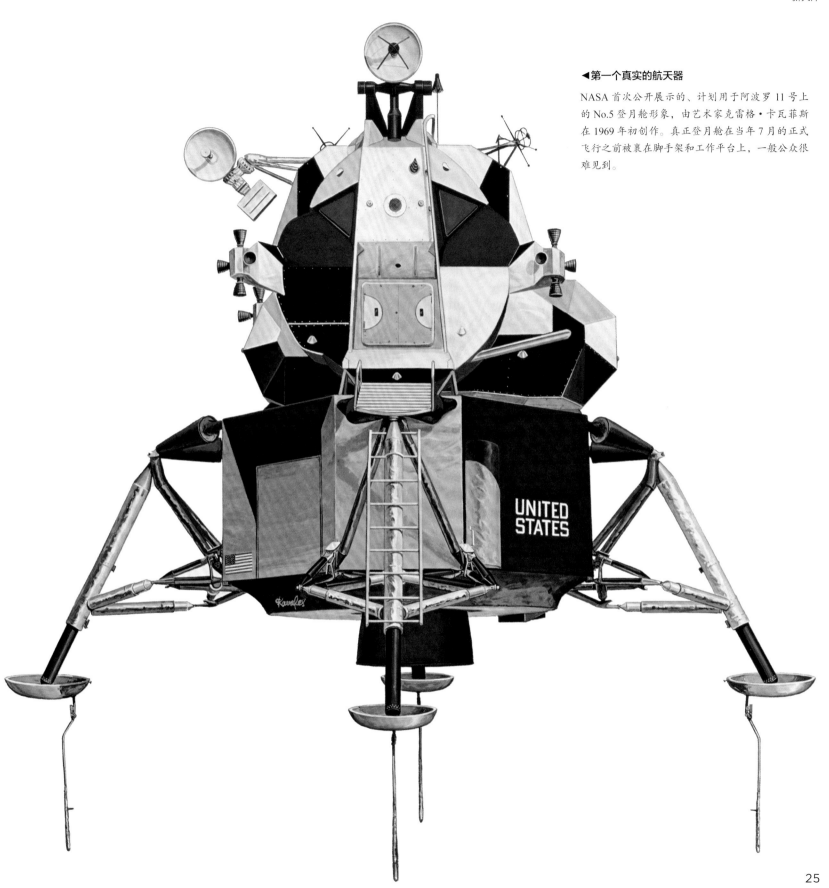

◀**第一个真实的航天器**

NASA 首次公开展示的、计划用于阿波罗 11 号上的 No.5 登月舱形象，由艺术家克雷格·卡瓦菲斯在 1969 年初创作。真正登月舱在当年 7 月的正式飞行之前被裹在脚手架和工作平台上，一般公众很难见到。

双子座飞船成为教学工具

在确定阿波罗计划采用月球轨道交会方案后不久，NASA就着手研究水星号飞船的升级版本——双子座飞船，它是一种两人座飞船，比水星号飞船更大更好，由水星号飞船的制造商设计，由著名的泰坦导弹发射。在20世纪60年代早期，阿波罗计划还停留在纸面上。两艘飞船如何在太空深处找到彼此并对接在一起？航天员们怎样才能在太空中连续坚持几天乃至几周呢？航天员是否能安全地走出飞船，并在无空气、无重力的太空中"行走"？所有这些任务都需要训练。NASA不能坐等阿波罗飞船建造完成，它需要一艘临时的飞船。

双子座飞船是NASA最漂亮的航天器，带有用于太空行走的鸥翼门（也用于发射出现故障时弹射紧急逃生）和一组复杂的推进器。它也是第一艘搭载车载计算机的载人飞船。双子座飞船可以利用雷达制导、利用推进器改变轨道，从而与其他飞行器交会。从1965年3月至1966年11月，双子座飞船进行了10次载人飞行任务，每一次飞行都完成了任务，并为NASA航天员即将执行的更复杂的月球任务做足准备。

双子座任务的主要成就包括：1965年6月由双子座4号航天员爱德华·怀特进行的第一次太空行走，以及1966年3月两艘飞船之间对接失败后完成了载人航天飞行中的首次紧急逃生。1966年3月16日，尼尔·阿姆斯特朗为指令长，大卫·斯科特坐在副驾驶位置，双子座8号与早些时候用另一枚火箭发射的正耐心等待着的阿金纳目标飞行器迎头对接。不久，阿姆斯特朗报告说，对接后的航天器正在失去控制。他操控双子座飞船从阿金纳目标飞行器上脱离。阿姆斯特朗和斯科特将双子座飞船控制住，启动紧急返回模式并最终安全返回地球。1966年6月3日，双子座9号航天员汤姆·斯塔福德和吉恩·塞尔南升空，却发现他们的目标飞行器的整流罩没有正确分离，挡住了对接环。塞尔南试图从双子座9号后面穿上喷气背包进行太空行走的计划也未能进行。NASA得到一个重要的教训：如果没有足够的把手和脚踏板，航天员就不能在飞船外工作。

1966年7月18日，约翰·扬和迈克尔·柯林斯成功地将双子座10号飞船与另一艘阿金纳目标飞行器对接，并使用它的发动机将飞行轨道提升到距离地球756千米的新高度。

柯林斯成为历史上第一个在同一任务中进行两次太空行走的人。两个月后，1966年9月22日，皮特·康拉德和戴夫·戈登操控双子座11号飞船与阿金纳目标飞行器对接，并将飞船提升到1280千米高的轨道。1966年11月11日，吉姆·洛弗尔和巴兹·奥尔德林在双子座12号飞船上亮相，奥尔德林进行了5小时的太空行走。双子座飞船是阿波罗飞船所有基础技术应用的先驱。

▶**幸存的技术图纸**

工艺简单的技术图纸被做成千上万的胶片底片，最终成为NASA无数技术手册和压装图的基础，也是分发给媒体和官方航天机构出版商的数千张照片及图表的基础。这些最初的技术图纸大多已不复存在。右图为保留下来的一幅技术图纸，被用于制作NASA在1965年印制的《双子座计划介绍手册》。

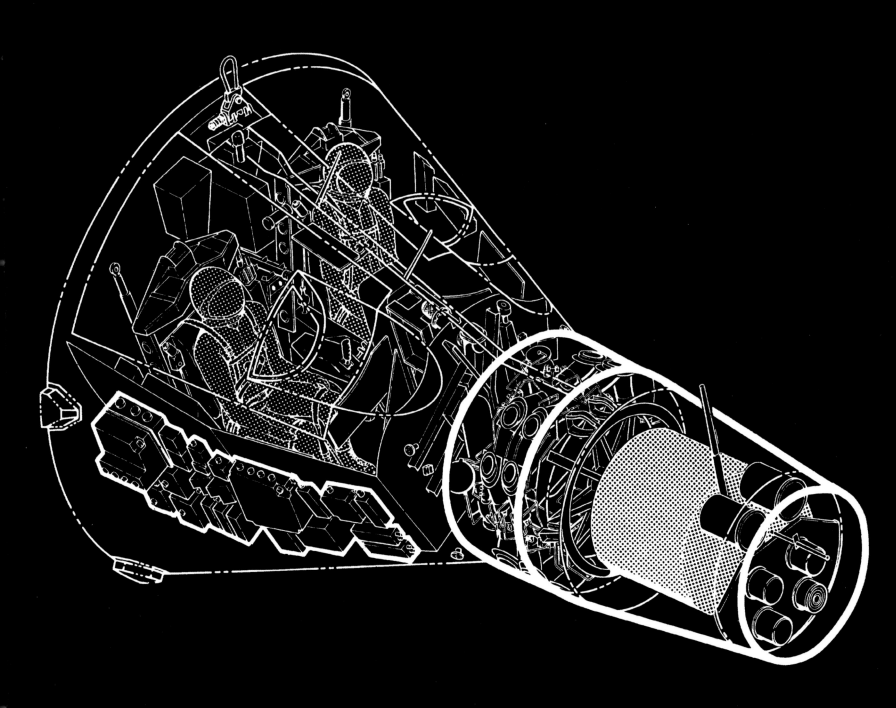

◄地面人员工作中

左图为艺术家乔治·马西斯在 1965 年创作的作品，描绘双子座飞船被吊到适当的位置与泰坦 II 号运载火箭进行组装的场景。图中，地面人员在火箭底部的一个平台上进行观察。这幅画的复制品出现在 NASA 双子座 6 号飞船的宣传材料中。

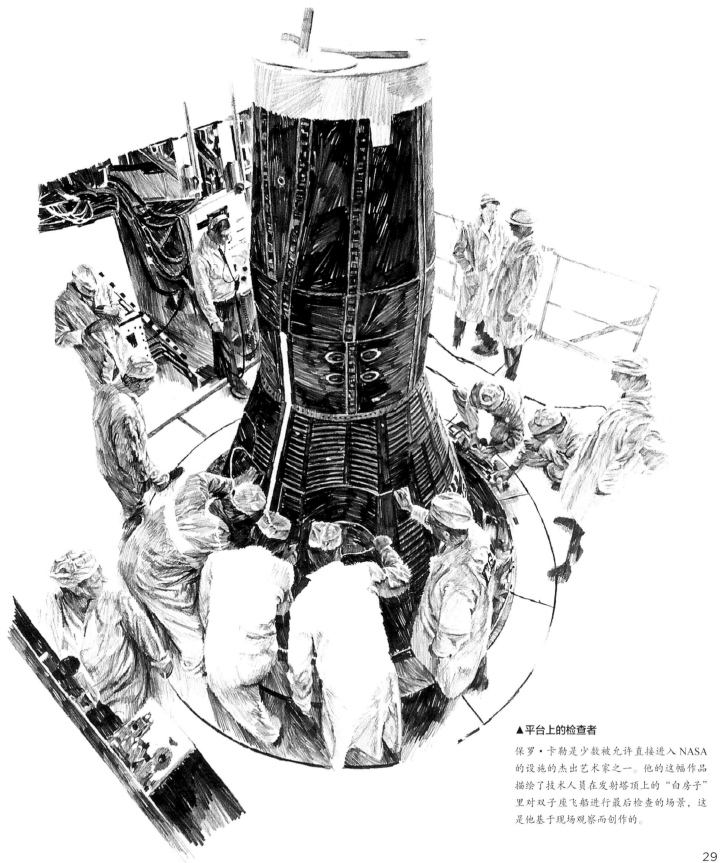

▲平台上的检查者

保罗·卡勒是少数被允许直接进入 NASA
的设施的杰出艺术家之一。他的这幅作品
描绘了技术人员在发射塔顶上的"白房子"
里对双子座飞船进行最后检查的场景，这
是他基于现场观察而创作的。

▲美国的 "第一次"

罗伯特·麦考尔是20世纪中期最著名的航空航天艺术家之一。图为他创作的美国航天员首次太空行走的插画，参考了詹姆斯·麦克迪维特在1965年6月双子座4号任务中拍摄的一张照片。

◀未发挥作用的背包

从20世纪60年代初到1992年，拉斯·阿拉斯米斯一直担任《洛杉矶时报》的艺术总监，他创作的航天插画被300多家新闻媒体使用，将NASA的一些关键事件进行了重要的可视化呈现。这些插画中的大部分场景都在现实中发生了，但图中这个场景没有发生。1966年，双子座9号飞船携带了航天员机动装置，但尤金·塞尔南遇到了问题，没有穿上他的航天员机动装置背包"飞行"。

NASA-S-65-893

▲各就其位

一张广泛流传的双子座飞船剖面图，由一位未知艺术家创作。展示了白色设备舱内的推进剂贮箱、乘员舱中的航天员、控制发动机以及头部的降落伞箱。

▼在轨道上对接

艺术家约翰·J. 卡尔在 1963 年描绘了双子座飞船和阿金纳目标飞行器交会对接的场景。远处是两艘航天器的轨道，推进设备用绿色突出显示。

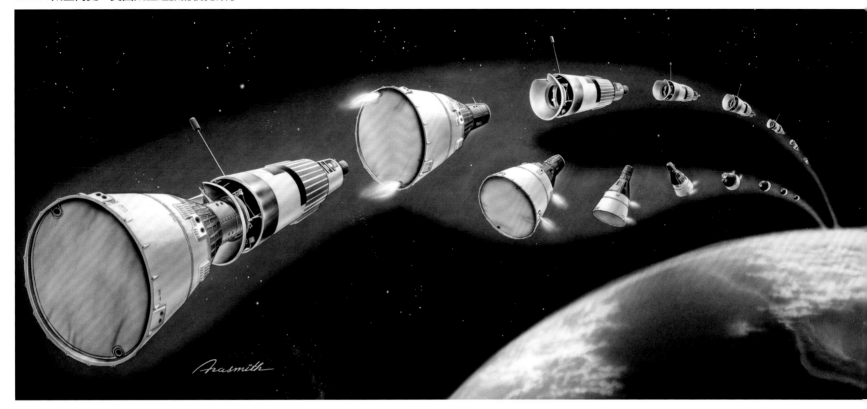

▲◄为登月任务演练

在上图中，拉斯·阿拉斯米斯描绘了双子座飞船与阿金纳目标飞行器对接的场景，这是阿波罗月球任务的基本程序。在双子座任务的再入段，阿拉斯米斯在左图用箭头体现了飞船精确的俯仰、滚转和偏转控制，这些精确的调整使航天器朝向正确的方向。

▶实践操作

阿拉斯米斯的这幅作品对太空任务进行了展示：双子座飞船的航天员在太空行走时一只手拿着机动喷气枪，另一只手拿着从阿金纳目标飞行器的外部提取的材料样本。他的任务指挥官通过双子座飞船的窗户进行监控。

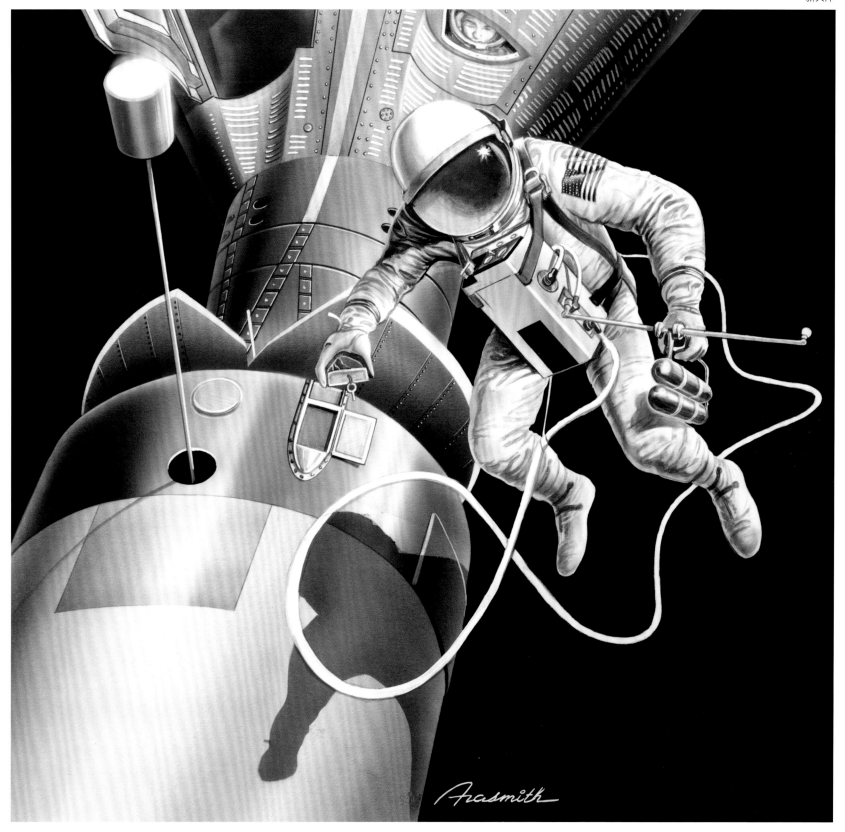

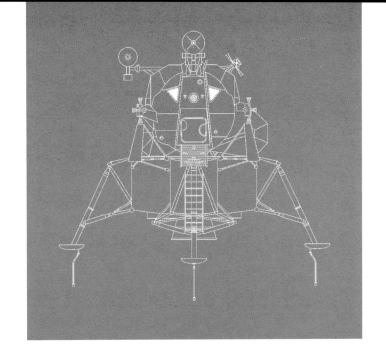

2

人类的一大步

阿波罗计划的辉煌

1972年，著名的科幻作家亚瑟·C.克拉克评论道："当阿波罗计划成为未来的人们唯一记住美国或者记住地球（人类的家园）的一个标志时，那人类就进入一个新的时代了。"

◀没有真实出现的两人同行的场景

左图为罗伯特·沃茨为 1970 年 4 月的阿波罗 13 号任务创作的作品，由于 NASA 调整了计划，阿波罗 13 号先于 14 号发射。图中描绘了航天员出发探索月球地形时，两名航天员同时在月球上漫步的场景，实际上这一场景没有真实出现。

　　关于阿波罗计划的文学作品浩如烟海，在这本书中，我们重点讲述阿波罗 8 号和 11 号任务。

　　有时我们会忘记，人类第一次前往月球的任务发生在著名的阿波罗 11 号飞船登月之前。1968 年 12 月 21 日上午，由弗兰克·博尔曼担任指令长的阿波罗 8 号飞船起飞。他的队友是吉姆·洛弗尔（后因阿波罗 13 号飞船任务而出名）和比尔·安德斯。阿波罗 8 号飞船是第一艘离开地球并前往另一个星球的载人飞船。圣诞节那天，世界上很多电视和广播电台都播放了来自飞船的广播节目，人们对阿波罗飞船的成就表示欢呼。

　　阿波罗 8 号飞船带来了比 NASA 预期的更珍贵的东西。每一份大众报纸和杂志上都刊登了阿波罗 8 号的航天员在环绕月球的过程中拍摄的地球从月球上升起的照片，月球表面毫无生机，在它漆黑的天空中，地球犹如一颗蓝宝石一样美丽。

　　人们开始意识到我们的世界是多么孤独和脆弱。比尔·安德斯后来评论道："我们去探索月球，却发现最重要的东西是地球。"

　　1969 年 7 月 20 日，阿波罗 11 号航天员尼尔·阿姆斯特朗和巴兹·奥尔德林乘坐小鹰号登月舱准备降落月球，为了避开飞船上计算机给出的错

误降落点（那里遍布巨石），他们不得不在月表上方盘旋，经过备受煎熬的几秒后，寻找到了安全的着陆点。虽然小鹰号登月舱的导航计算机闪烁出一串警告即将超载的代码，他们最终还是平安降落。

人们对阿姆斯特朗首次在月球表面说的那句话记忆犹新："休斯敦，这里是宁静海，小鹰号已着陆。"却很少有人记得任务控制中心的回答："收到登陆信息。我们都快为你们担心死了，现在总算放心了。"原来，休斯敦地面人员很清楚：在小鹰号登月舱最终平安降落前，推进剂只够再支持发动机工作20秒。

在阿波罗11号任务之后，美国又进行了6次月球任务。1970年4月，阿波罗13号飞船因发生爆炸而失去了着陆月球的机会，但3位航天员使用航天器的登月舱作为太空中的救生艇，成功地返回了地球，戏剧性地成就了一场胜利救援。阿波罗17号任务在1972年12月为登陆月球任务画上了句号。

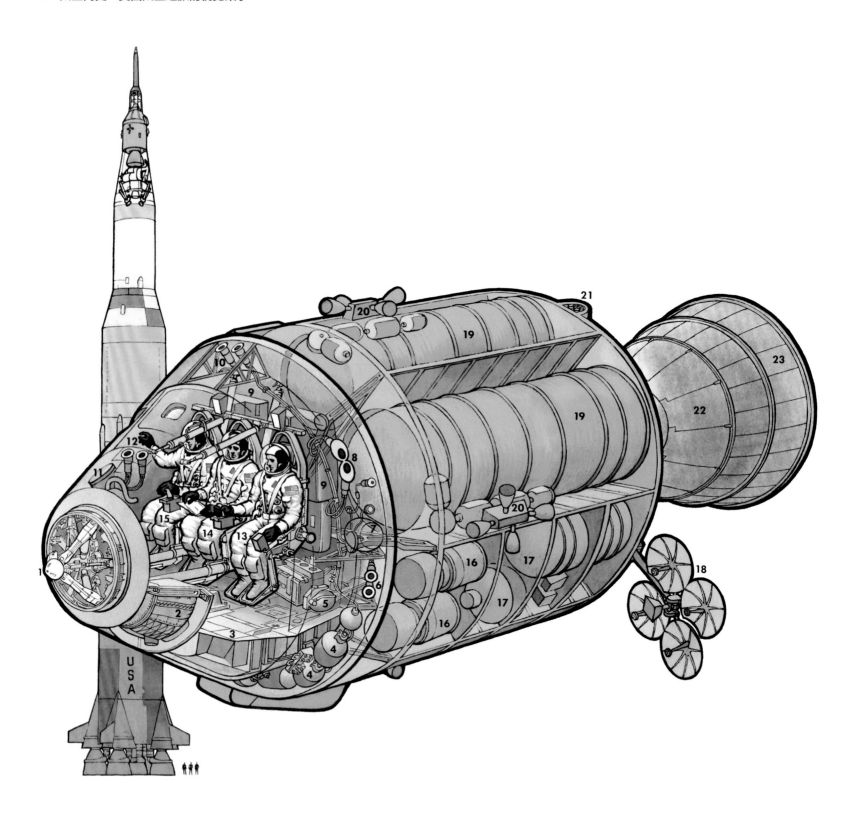

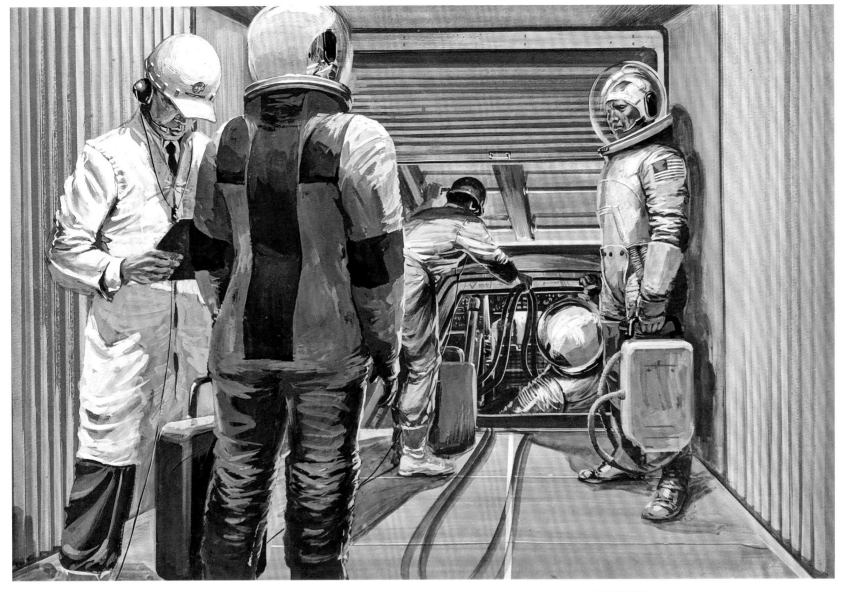

▲遗失的插画

图为加里·迈耶在20世纪60年代中期描绘的航天员进入飞船之前的场景。迈耶为NASA和阿波罗飞船的制造商创作了许多插画，但其原始版本已遗失。

◀精致的机械细节

戴维斯·梅尔策为《国家地理》杂志创作的阿波罗8号指令舱与服务舱剖面图。后被NASA重新用在庆祝阿波罗飞船在1970年4月13日安全返回的宣传册中。

▲发射一颗卫星

阿波罗 16 号飞船乘组在卡斯帕号的服务舱中释放了
一颗"粒子与场子"卫星（从舷窗可看到）。1968 年，
史密森学会举办了"探索太空：约翰·德萨托夫绘画
展"，展出了这位艺术家的类似作品。

◄在月球轨道上汇合

阿波罗 12 号指令舱驾驶员理查德·戈登操控扬基快
船号指令舱与完成月表勘测任务的同伴艾伦·比恩和
皮特·康拉德乘坐的无畏号登月舱对接，在后来的阿
波罗任务新闻稿中，NASA 修改了窗外的景色。

▲减速， 准备在月球着陆

在这幅由卢德维克·津巴和 W. 科洛皮大约在 1962
年合作完成的优秀作品中，阿波罗飞船组合体进行
了一次制动点火，从而进入月球轨道。

▶即将着陆

在另一幅 20 世纪 60 年代早期的津巴和科洛皮合作的
作品中，一艘登月舱脱离了远处的指令舱与服务舱，
准备降落到月球上。

▲ "炽热" 的成功

约翰·德萨托夫详细描绘了阿波罗 11 号飞船的小鹰
号登月舱即将着陆月球的场景，下降中的发动机喷
嘴在高温尾焰的映衬下发出红色的光。

▼诠释性作品

阿波罗 11 号任务是最受艺术家喜爱的创作题材。这幅作品由克雷格·卡瓦菲斯创作，表现了 1969 年人类的脚印被首次印上月球土壤之前的一瞬间。

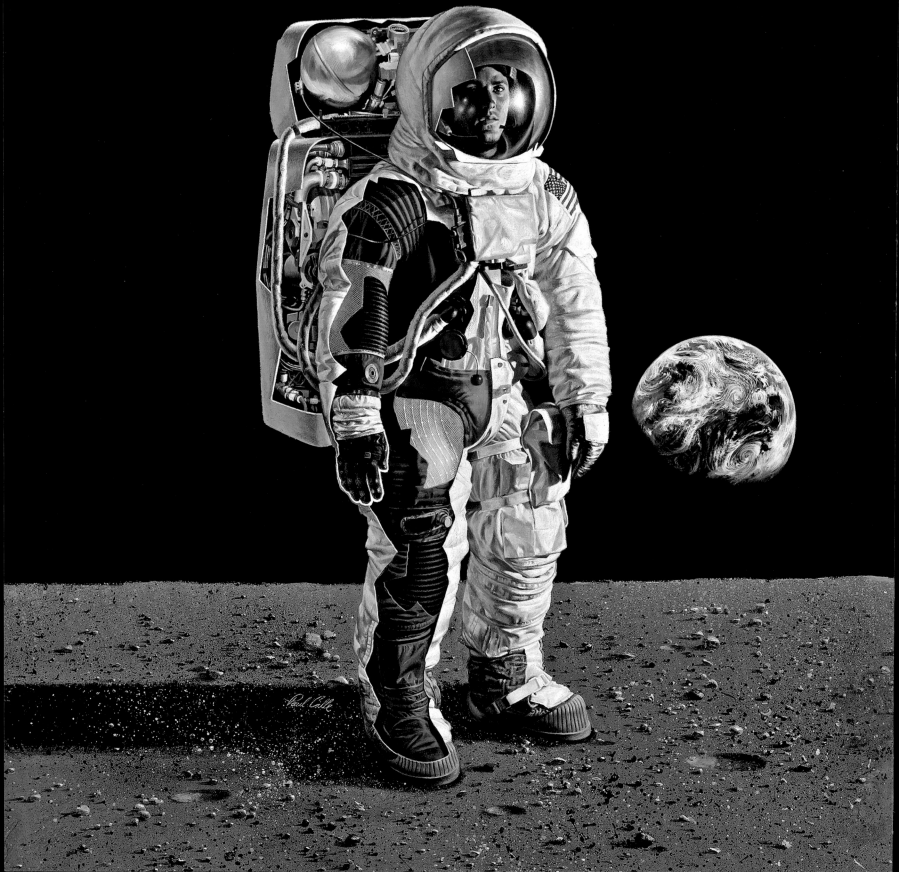

▲ NASA 最伟大的时刻

罗伯特·麦考尔于 1970 年创作的《第一批人登上月球》，在 NASA 约翰逊航天中心的游客中心展出了很多年，之后被约翰逊中心所在地得克萨斯州的私人收藏。

【50 ~ 51 页】

月球上的科学任务

作者：拉斯·阿拉斯米斯

左图：阿波罗 16 号飞船的指令长约翰·扬（左）正在操作远紫外相机。

右图：阿波罗 12 号航天员皮特·康拉德和艾伦·比恩在部署月球表面实验包。

◀月球探险者的多层航天服

由保罗·卡勒创作的这幅画利用剖面图展示了阿波罗计划月球航天员所穿的 A7L 宇航服的内部秘密，他创作了一系列的作品来展现航天员穿着多层宇航服的场景。

49

▲机器人先驱

罗伯特·沃茨的这幅作品展示了航天员皮特·康拉德和艾伦·比恩在 1969 年阿波罗 12 号任务中与 1967 年着陆的勘测者 3 号无人探测器相遇的场景。航天员们将一个摄像机拆卸下来并带回了地球。

▶想象的场景

拉斯·阿拉斯米斯的一幅作品也用艺术手法展现了类似场景。但这并非现实，由于安全性限制，阿波罗 12 号飞船的登月舱不可能降落在离勘测者号如此近的地方。

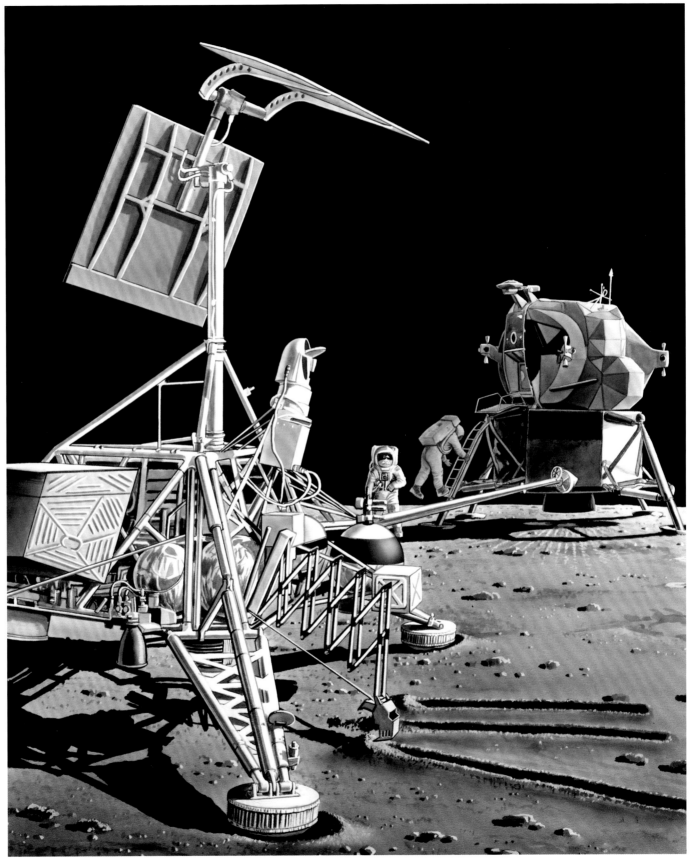

◄▲首辆太空车

罗伯特·沃茨在 1971 年作品（左图）中描绘了阿波
罗 15 号任务指令长大卫·斯科特和航天员詹姆斯·欧
文登上月球漫游车的情景。上图是同年由戴维斯·梅
尔策为《国家地理》杂志创作的月球漫游车形象，也
十分经典。

◀▲▶ 3 个版本的月面起飞图

左图为拉斯·阿拉斯米斯对登月舱起飞的描绘。
月球漫游车上的彩色摄像机捕捉到了阿波罗 15 号
和 16 号飞船起飞时刻的部分动作，以及阿波罗
17 号任务中的全部动作。卡尔·佐施克在 1964
年的作品（上图）中描绘了同一场景，但图中的
月球景观比真实场景更为丰富多彩。而皮埃尔·米
恩为《国家地理》杂志创作的插画（右图）更接
近真实场景。

◄测试着陆器

一位未知艺术家为 NASA 创作的一幅重要作品。1969 年 3 月，在相对安全的地球轨道上进行的阿波罗 9 号飞船的关键试验飞行中，蜘蛛号登月舱上面级和橡皮糖号指令舱准备对接。这是登月舱的第一次载人飞行。

【60 ~ 61 页】

两个版本的回家之旅

艺术家 A. 萨波里托和 W. 科洛皮在 20 世纪 60 年代早期描绘了登月舱从月球起飞重新对接指令舱的画面(左图)。到了 1965 年，阿波罗任务的设计更加明确，这也能在略显戏剧化的戴维斯·梅尔策版本的"重聚图"上窥见一斑（右图）。

▲高空舞蹈

在冷峻的月球之上，登月舱为回家之旅进行关键的交会对接。这是罗伯特·麦考尔创作的阿波罗任务系列作品中的一个场景，该作品最初是麦考尔于1973年为新墨西哥大学美术学院创作的，后来被麦考尔家族送给了NASA。

▶挣脱月球引力

这幅画由NASA的未知艺术家创作于1968年，描绘了当年12月阿波罗8号飞船在月球上进行发动机点火的关键场景，这是它返回地球的必不可少的程序。

▲▲在深空中"行走"

左图由皮埃尔·米恩创作于 1971 年，描绘了阿波罗 15 号登月舱驾驶员吉姆·欧文看着指令舱航天员阿尔弗雷德·沃登从服务舱的侧面取回月球测绘胶片的场景。另一位 NASA 未知艺术家则从不同的视角描绘了这一场景（上图）。

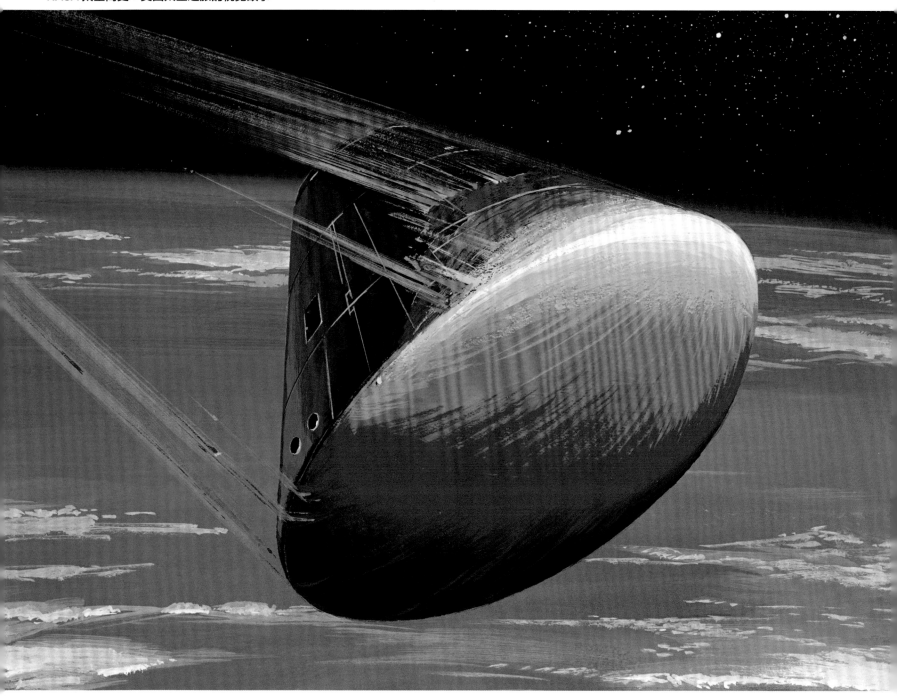

▲返回家园

这是一幅 NASA 的经典插画，由一位未知艺术家创
作于 1966 年，描绘了阿波罗指令舱完成登月任务后
在返回地球过程中再入大气层的场景。

▶圆满完成任务

阿波罗登月舱的降落伞顺利打开，保证了乘组人员的安全。在那一刻，每个人都松了一口气。这一描绘海上降落画面的插画由加里·迈耶创作。

天空实验室和阿波罗 - 联盟号

在登月计划完成后，NASA希望将"阿波罗应用计划"推进到实施阶段。该计划打算利用土星5号火箭的巨大推力，将空间站和其他非常大的有效载荷发射到地球轨道上。但预算削减迫使任务规划人员缩减了项目规模，只有一个项目保留下来。1973年，天空实验室轨道器发射，至今仍保持着有史以来用单枚火箭发射的最大航天器的纪录。天空实验室能成功的最大有利因素是预算充足。在1969年正式被批准为新项目之前，它已经完成了一半的研制。土星5号火箭的最上面级被改装为空间站的主要部件。这个部分通常携带阿波罗飞船从地球轨道前往月球所需的燃料。NASA意识到，如果最上面级在地球轨道，则不再需要推进剂和发动机，巨大的贮箱可以装满空气而不是燃料，可以用轻型地板和墙壁将它分隔为隔间和工作区域。

阿波罗登月任务的18号、19号和20号在1970年被取消，因为公众觉得不再需要更多的登月任务，政府机构也在优先考虑太空以外的事情。然而，大部分的组件都已经准备好了：一枚备用的土星5号火箭以及3艘载人的阿波罗指令舱与服务舱。天空实验室在36个月内完成了组装，于1973年5月14日在最后一枚土星5号火箭上被发射升空。

发射看起来完美无缺。天空实验室爬升到434千米的完美轨道高度上绕地球运行。但后来发现，在飞行过程中，天空实验室的外部屏蔽层严重受损。两块太阳能电池板中的一块被卡在了发射状态无法展开，第二块太阳能电池板被撕断了，就像鸟的翅膀在肩膀上被撕掉了一样。天空实验室的电力系统几近瘫痪。人们别无选择，只能在决定下一步如何行动之前，将由小型火箭

（土星1B火箭）单独发射航天员三人乘组的计划推迟10天。

航天员乔·克尔温、保罗·韦茨以及他们的指令长皮特·康拉德开始进行紧急太空行走的训练。他们在一个巨大的水箱中模拟开展对天空实验室的维修工作。1973年5月25日，康拉德驾驶阿波罗飞船（天空实验室-2）与天空实验室对接，不过最初与对接口对接时略有错位。然后，他们开始了史诗级的出舱活动。他们松开了被卡住的太阳能电池板，使它能够正常打开，然后安装了一个金属箔遮阳板，以保护空间站的主舱段免受太阳的高温影响。他们把叠成一捆的遮阳板通过指令舱的气闸舱拿到舱外，展开遮阳板并用细带子把它绑在空间站上。康拉德和他的团队拯救了天空实验室，因此成为头条新闻。后续又有两个乘组驻留空间站，开展了大量医学实验，并利用天空实验室专门设计的观日天文仪器对太阳进行了深入研究。

巨大的土星5号火箭具有将飞船发射到月球或将巨大的空间站送入地球轨道的能力。但这枚强大的火箭有一个无法解决的"阿喀琉斯之踵"：它发射一次后只能被丢弃。最后一次阿波罗任务的飞船在1975年7月15日由土星5号火箭的小表弟土星1B火箭发射。汤姆·斯塔福德、德克·斯雷顿和万斯·布兰德前往执行第一次国际性载人航天任务——与世界上第一位太空行者阿列克谢·列昂诺夫和库巴索夫所在的苏联联盟号飞船进行和平的太空对接。这一联合任务被称为阿波罗-联盟测试计划（ASTP），早在1972年就由尼克松政府批准。它是大规模太空国际合作的先驱，也标志着"阿波罗-土星"时代的结束。

▶调整阿波罗计划组件的用途

20世纪70年代早期，拉斯·阿拉斯米斯创作的天空实验室轨道器的剖面图。这是美国的第一个空间站，它使用了备用的土星5号火箭以及原计划用于阿波罗任务18号、19号和20号的组件。但由于预算限制及NASA已经完成了登月任务目标，后续阿波罗计划被取消。

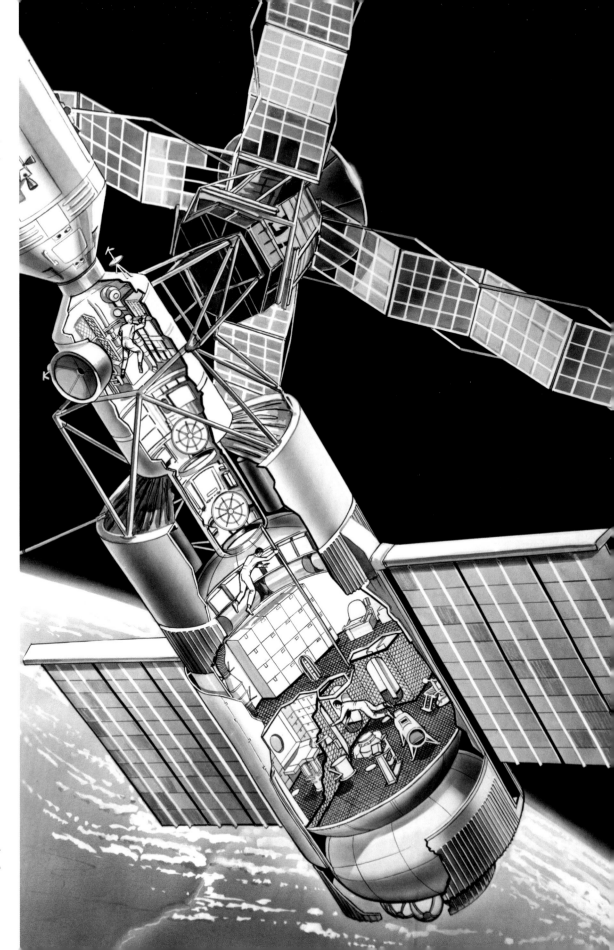

【70～71页】

足够的工作空间

罗伯特·麦考尔在1973年绘制的天空实验室剖面图，精确而详细。一名航天员正在测试一个航天员机动装置（类似在双子座计划中被遗弃的那个，后来发展成为在航天飞机时期短暂使用的载人机动装置）。

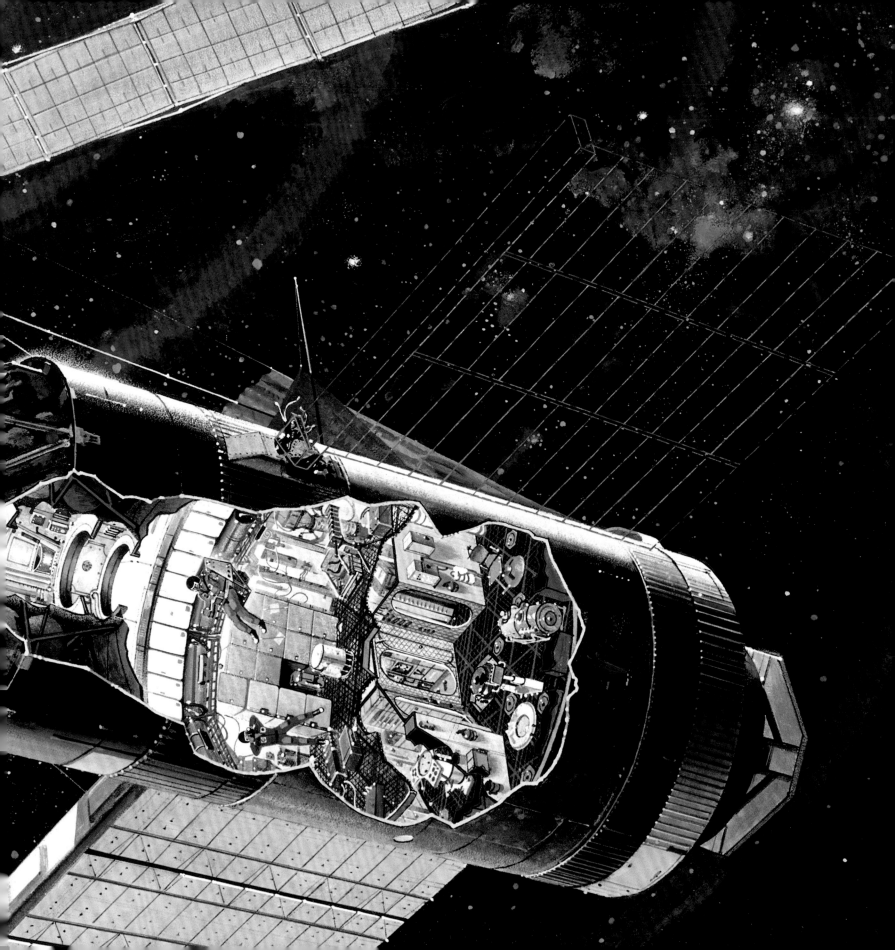

▲内部的生活空间

上图创作于 1973 年，我们可以看到天空实验室的内部布局。下方地板下面的
大水箱是用来储存废物的。华盛顿特区的航空航天博物馆有一件展品，是该舱
段正样产品的复制品。

▲工程师和艺术家

查尔斯·贝内特是工程师，参与了天空实验室的建造工作，同时很有绘画天赋，还是一位艺术家。这是他1972年在天空实验室发射前描绘的飞行任务的场景。

▲和平的对接

上图由保罗·费杰尔德创作于 1975 年，描绘了 1975 年 7 月的阿波罗 - 联盟号对接场景。这是 NASA 首次和苏联进行合作。费杰尔德的成就包括设计官方任务插图和在纽约长岛航空博物馆策划未飞行的登月舱的展览。

▶太空握手

右图由戴维斯·梅尔策创作于 1975 年，描绘了阿波罗号和联盟号飞船的乘组人员第一次在太空中互相打招呼的场景。两名指令长汤姆·斯塔福德和阿列克谢·列昂诺夫正在握手。

▲太空外交

伯特•温斯洛普设计的阿波罗 - 联盟试验计划（ASTP）的象征主义插画。画面上还展示了 NASA 搭载阿波罗号的土星 1B 火箭发射的场景，和联盟号从哈萨克斯坦拜科努尔发射场发射的场景。

▶和平的理想

罗伯特•麦考尔对这次对接任务的描绘。

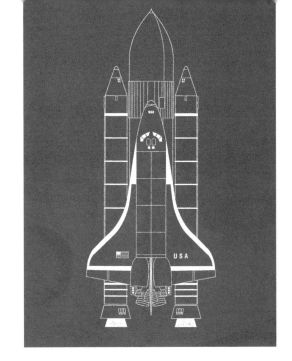

3

天空之城

居住在地球轨道

随着首个登月时代接近尾声，航天规划者安排土星5号火箭退役，并研究一种更便宜、可重复使用的发射系统，让定期前往太空成为可能。

◀迈向航天飞机时代

戴维斯·梅尔策受《国家地理》杂志委托创作的《空间站》，发表于1970年8月刊。此图中带翼的航天飞机向轨道上运输人员和物资，这种画面成了人们常有的想象。

◀尚未实现的宏伟愿景

在这幅罗伯特·麦考尔于 1964 年创作的插画中，一架三角翼航天飞机在一个围绕地球运行的巨大球形太空港口内加油。

　　早在阿波罗任务接近尾声之前，NASA就在重新研究X-15和升力体项目的所有数据，并着手开发世界上第一个可重复使用的航天器，即航天飞机。1981年4月12日，NASA发射了哥伦比亚号航天飞机，由曾参与过阿波罗计划的约翰·扬担任指令长，罗伯特·克里彭协同驾驶。在随后的30年里，美国在太空取得的诸多成就都归功于航天飞机的多任务能力。

　　航天飞机可容纳7名航天员，并拥有一个18米长的货舱，同时满足了载人和运货的需求。在为期30年的航天飞机计划中，NASA成功执行了133次任务，实现了科幻小说里的场景。航天飞机的故事里还包含了两次悲剧。1986年1月，挑战者号在发射后不到两分钟发生爆炸，造成7名乘员死亡。2003年2月，哥伦比亚号在返航时解体，又一组乘员丧生。他们不知道就在他们享受着一项看似顺利的任务时，一块手提箱大小的保温泡沫在发射后不久从巨大的外部燃料箱上脱落，撞到了航天飞机的左翼，造成了一个小的但灾难性的洞。两周后，当哥伦比亚号在任务结束后穿过大气层时，热气流冲进了那个洞，摧毁了航天飞机。如果NASA的管理人员能关注他们收到的关于操作程序存在严重缺陷的内部警告，这两次灾难或许都可以避免。任务主管和公众都忽视了航天飞机系统的危险性，这个系统包含液氢、液氧和高氯酸铵等烈性燃料，是很难做到万无一失的，所以每时每刻都不能掉以轻心。

▲背负式航天飞机进入太空

图为一种由完全可重复使用返回组件组成
的航天飞机的设想。

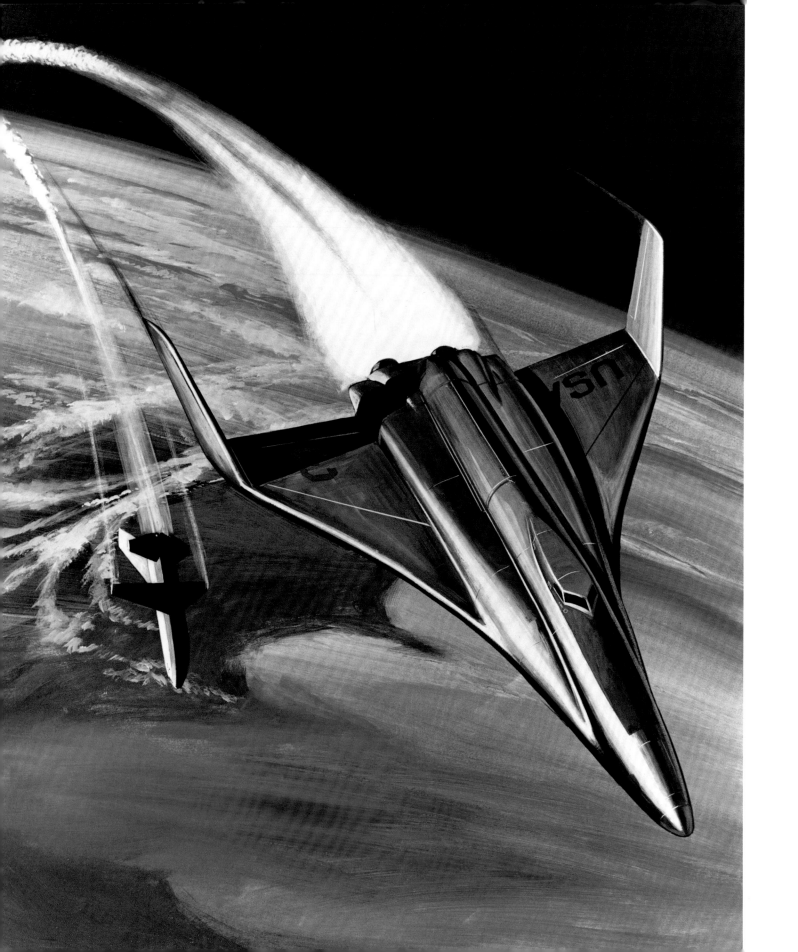

▲机翼附带发动机

另一个从未实现的设想是在航天飞机的机翼中附带小型喷气发动机，以便让飞行器在选择着陆地点时更加灵活。

◀三角形的梦想

这种带有翼形助推器的三角形载人航天飞机能够重复使用，不过对 NASA 来说过于昂贵。

我们不可能无视航天飞机事故中的悲剧，14名航天员丧失了他们的生命。

航天飞机完成了与欧洲太空实验舱的联合科学任务，与俄罗斯和平号空间站进行了一系列的对接，开展了数十次轨道科学飞行，部署了50多颗卫星，并发射了3架星际探测器：麦哲伦金星探测器，伽利略木星探测器，以及研究太阳的尤利西斯探测器。

航天飞机还把多个重要的天文装置部署到了太空，包括哈勃太空望远镜、康普顿伽马射线天文台、漫射X射线光谱仪和钱德拉X射线天文台。航天飞机向太空累计运送货物超过1580吨，乘员833人，乘员累计飞行时间达到近20万小时。当然，航天飞机也使世界上最雄心勃勃的太空计划——国际空间站成为可能。

天空之城

公众普遍认为，所谓的"太空竞赛"在1969年7月阿波罗11号着陆月球时就已戛然而止。但事实上，紧张的竞争局势又持续了20年。当NASA在整个20世纪70年代专注航天飞机的研发时，苏联则在不断扩大其空间站序列，从"礼炮号"轨道平台开始，最终建成多舱段的"和平号"综合体。

1981年，当罗纳德·里根入主白宫时，他的一些顾问对苏联在近地轨道的主导地位表示担忧。作为回应，NASA建造一个新的空间站似乎是一件很自然的事。1984年1月25日，里根宣布一个名为"自由号"的空间站计划，由NASA领导，欧洲航天机构、加拿大及日本等国际伙伴

◀并非如此简单

20世纪70年代中期有一些非常幼稚的设想，希望航天飞机能像普通飞机一样容易维护、着陆和飞行。事实上当然并非如此。

▲较小的货物运载能力

价值数十亿美元的太空项目需要广泛的支持。有些人不喜欢上图中这个版本的航天飞机概念，认为它的有效载荷舱太小，不能携带大一点的卫星，所以最终没有采用这个版本。

共同建设。

但是，建设这一空间站的道路漫长且崎岖。在接下来的20年里，浩繁的文件工作常常令计划陷入混乱，以至于华盛顿的议员们多次威胁要取消整个计划。相比航天飞机时代，空间站时代的NASA受到了各方的影响。而在阿波罗时代，一旦设计尘埃落定，几乎所有人都会对月球计划的内容以及应该如何完成达成共识。

提出阿波罗计划不同设想的各方一旦决定了采用月球轨道交会模式，至少能达成一定的一致性。然而到了设计空间站时，各方却没有明显的一致性。艺术家们的概念设计五花八门，有巨大的金属支柱网支撑着足球场大小的太阳能阵列，有为火星飞船服务的巨大机库，也有仅能容纳几名航天员的紧密圆柱体。NASA花费了数十亿美元多次重新设计这个空间站，因为参与者对空间站的目标定

位无法达成共识。当谈及NASA时，我们很容易忘记这个机构实际上是由多个分散的专业中心组成的综合体。位于佛罗里达州的肯尼迪航天中心承担大部分的火箭发射任务；位于休斯敦市的约翰逊航天中心负责载人飞行；位于帕萨迪纳市的喷气推进实验室负责处理地球以外的探测器任务；位于马里兰州的戈达德太空飞行中心负责大部分的地球科学和天文学任务。总而言之，位于华盛顿的NASA总部试图让所有中心和谐地工作，但由于各中心处于美国不同的州，政治对抗往往会发挥影响。在里根批准空间站设想后，各个中心就如何推进争论不休。

因此，在NASA所有项目的可视化设计中，艺术家们对空间站的构想是最多样化的。更令人惊讶的是，在第一个真正的空间站组件建造出来之前，很难找到上千个设计的高分辨率版本，更别说原始作品了。人们几乎可以想象，NASA总部也困惑于早期混乱而昂贵的设计，现在希望专注于清晰的"这是我们真正想做的"实际建造的空间站版本。

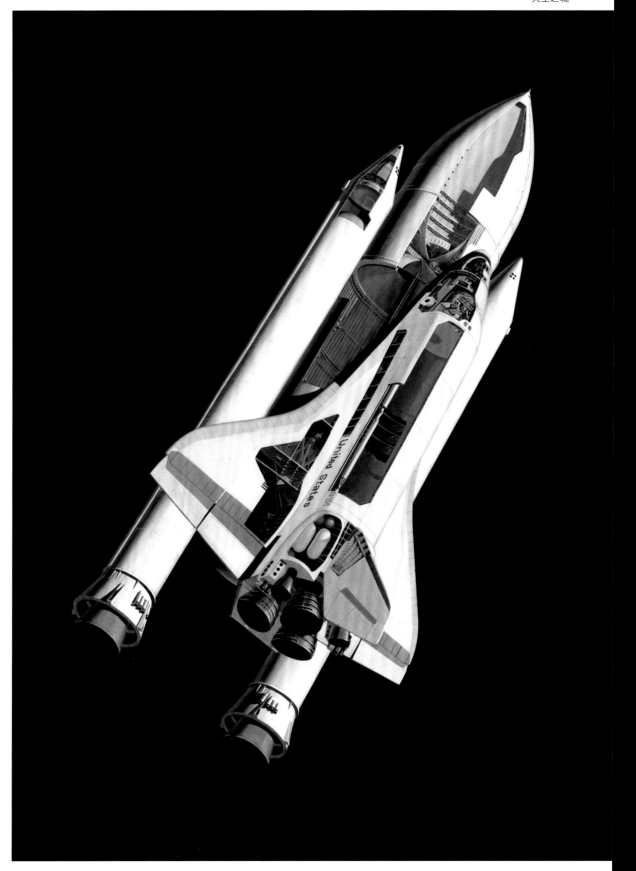

◀最终方案

这是最终的航天飞机系统的概念图，该方案在 1972 年 7 月获得了 NASA 的认可，也得到了白宫的支持。

最终结构

这架 20 世纪 70 年代末的航天飞机的剖面图显示了航天飞机最终的样子：在巨大的一次性外部燃料箱的两侧，有可以半重复使用的固体火箭助推器。

▶接近现实

此图为罗伯特·麦考尔在1974年为《我们的太空世界》一书贡献的作品。这本书的作者是著名科幻作家艾萨克·阿西莫夫。图中航天飞机的设计已经基本接近计划于20世纪70年代末首飞的最终建造形态，除了翼尖上的发动机吊舱后来被重新部署到了尾翼的底部。

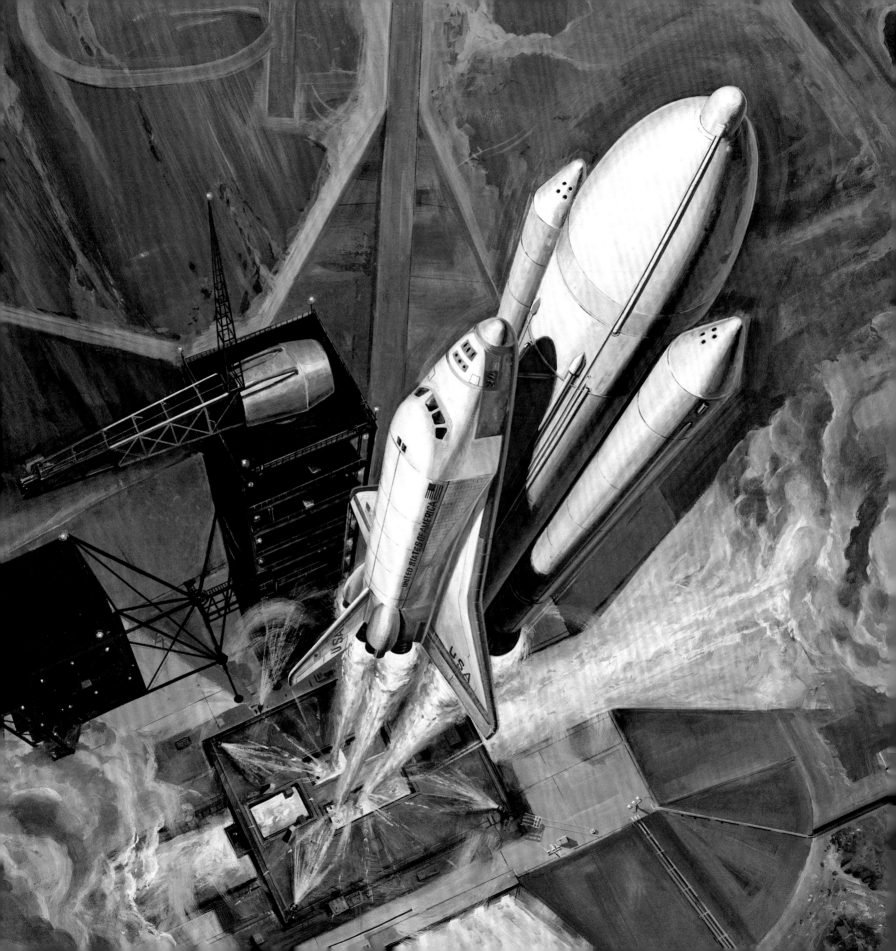

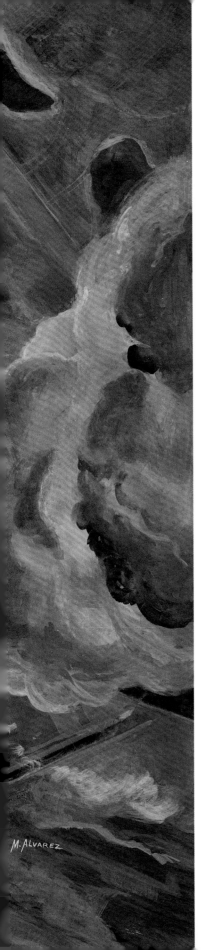

M. ALVAREZ

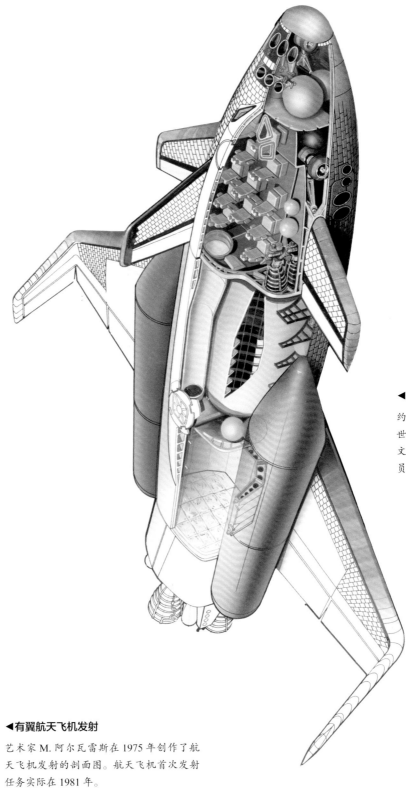

◄扩展型航天飞机

约翰·弗拉萨尼托的作品经常出现在从 20 世纪 80 年代到 21 世纪初的 NASA 的宣传文件中。此图描绘了一架可容纳 12 名航天员的扩展型航天飞机。

◄有翼航天飞机发射

艺术家 M. 阿尔瓦雷斯在 1975 年创作了航天飞机发射的剖面图。航天飞机首次发射任务实际在 1981 年。

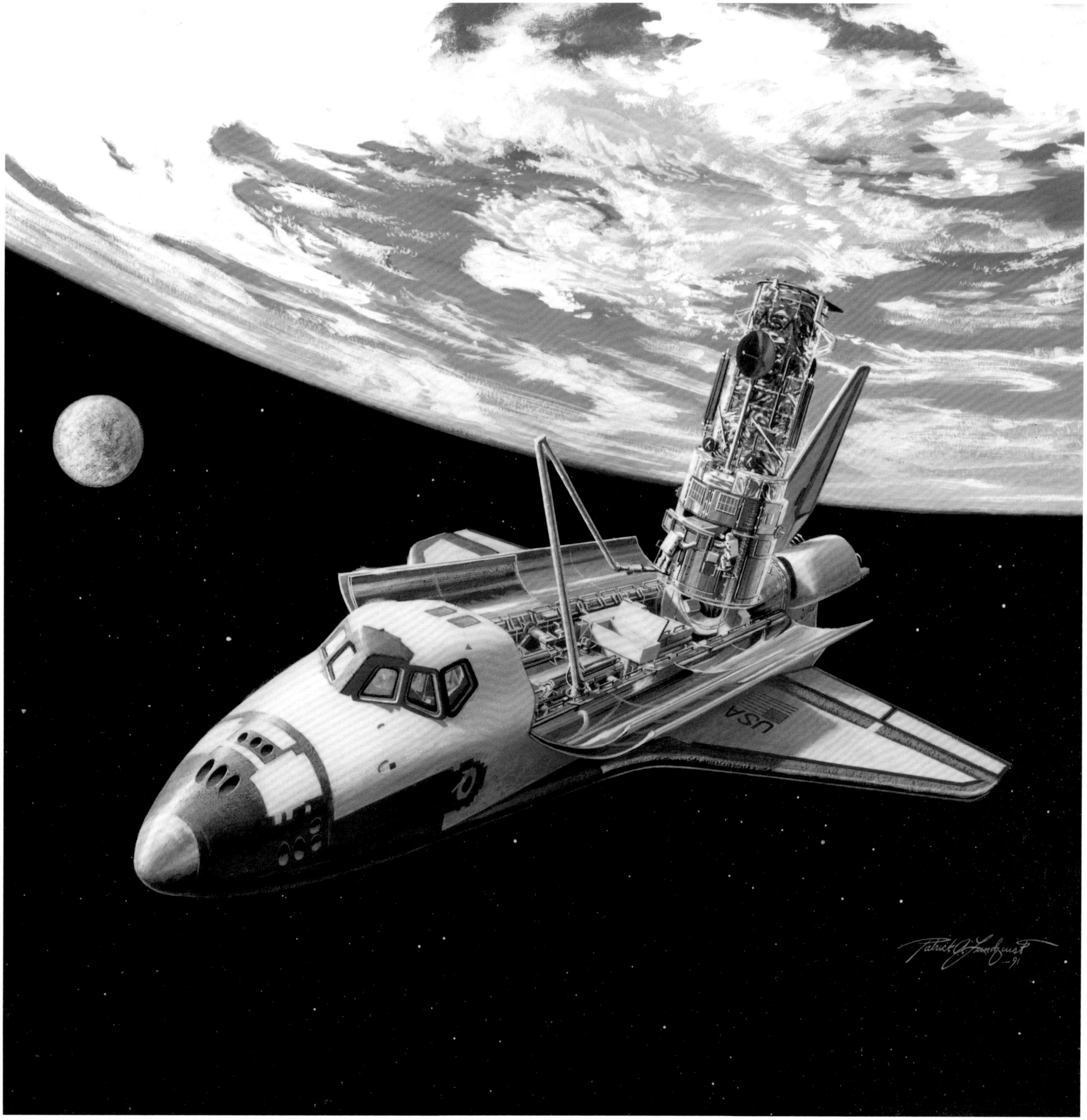
USA

1992年6月，NASA负责人会见了俄罗斯同行。他们讨论了一个非常重要的主题：俄罗斯和美国能在太空中达成合作吗？在接下来的两年中，NASA在确保俄罗斯成为太空和平伙伴之前，就和俄罗斯关于如何在当时最后一个空间站和平号上开展联合任务进行了交流。空间站的架构最后一次被重新设计，俄罗斯舱段被纳入其中，该项目最终被称为国际空间站（ISS）。

国际空间站的第一个舱段是俄罗斯制造的"曙光号"控制舱，于1998年11月20日从哈萨克斯坦拜科努尔发射场由俄罗斯"质子号"火箭发射送入轨道。然后是美国建造的"团结号"节点舱和俄罗斯的"星辰号"服务舱。这是国际空间站系列舱段中的前三个。该项目成为和平时期历史上规模最大的国际科技合作项目。自此以后，美国和俄罗斯与加拿大、日本和欧洲航天局成员国等总共16个国家在此项目上密切合作。

◀▶ **发射望远镜**

左图由帕特里克·伦德奎斯特创作于1993年。展现了航天员在地球轨道上身处航天飞机的有效载荷舱内对哈勃太空望远镜进行修复的场景。右图由艺术家约翰·索利创作，表现哈勃太空望远镜在洁净间接受最后的检查但主镜的故障未能被发现的场景。

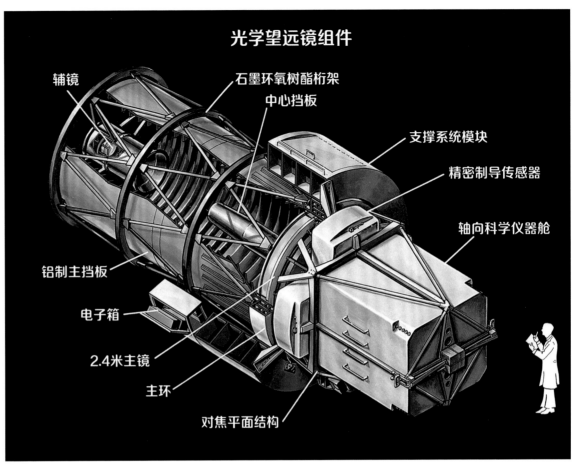

光学望远镜组件

辅镜

石墨环氧树脂桁架

中心挡板

支撑系统模块

精密制导传感器

轴向科学仪器舱

铝制主挡板

电子箱

2.4米主镜

主环

对焦平面结构

▲天文望远镜结构

哈勃太空望远镜的光学部分由两个镜子(一个主镜和一个辅镜)、支撑桁架和对焦平面结构组成。该望远镜探测到的最暗的天体的亮度为地球上探测到的极限亮度的1/25。

◀著名的望远镜

1990年,某未知艺术家为位于阿拉巴马州亨斯特维尔的NASA马歇尔航天中心创作了这幅哈勃太空望远镜画作。

◀▲ 成功修复

上图由保罗·哈德逊创作于 1990 年。1990 年 4 月，哈勃太空望远镜通过发现号航天飞机的载荷舱被发射到太空。左图是他为 NASA 喷气推进实验室创作的插画，表现了 1993 年 12 月那次至关重要的哈勃太空望远镜首次维修任务。其间，航天员安装了光学校正仪器来矫正有缺陷的主镜。这是一次成功的任务，使得哈勃太空望远镜正常运行了 20 多年。

▲哈勃太空望远镜的新曙光

上图由斯科特·卡勒创作于 1993 年初，用艺术化的手法表现了哈勃太空望远镜首次在轨维修的场景。望远镜前保护罩上反射出深空中的奇特星系画面。

▶航天员很重要

太空飞行中，人的存在常常因大型飞行器而弱化。但在帕梅拉·李于 1988 年创作的这幅画中却并非如此。画面表现了 1985 年 8 月 STS-51-I 任务中威廉·费舍尔在发现号航天飞机的有效载荷舱等待的场景，费舍尔的面罩上映出同事詹姆斯·范·霍夫腾取下故障的 Leasat 3 卫星的画面。后来，他们对卫星进行了维修并将其送回太空。

▲航天飞机上的生活

这幅图表现了航天飞机和乘员之间的大小
比例关系，航天飞机上最多可容纳 7 名航
天员。

▲太空座驾

保罗·哈德逊想象的搭载红外望远镜的航天飞机。这幅画完成于1979年，当时NASA正在为航天飞机第一次飞行任务做准备。

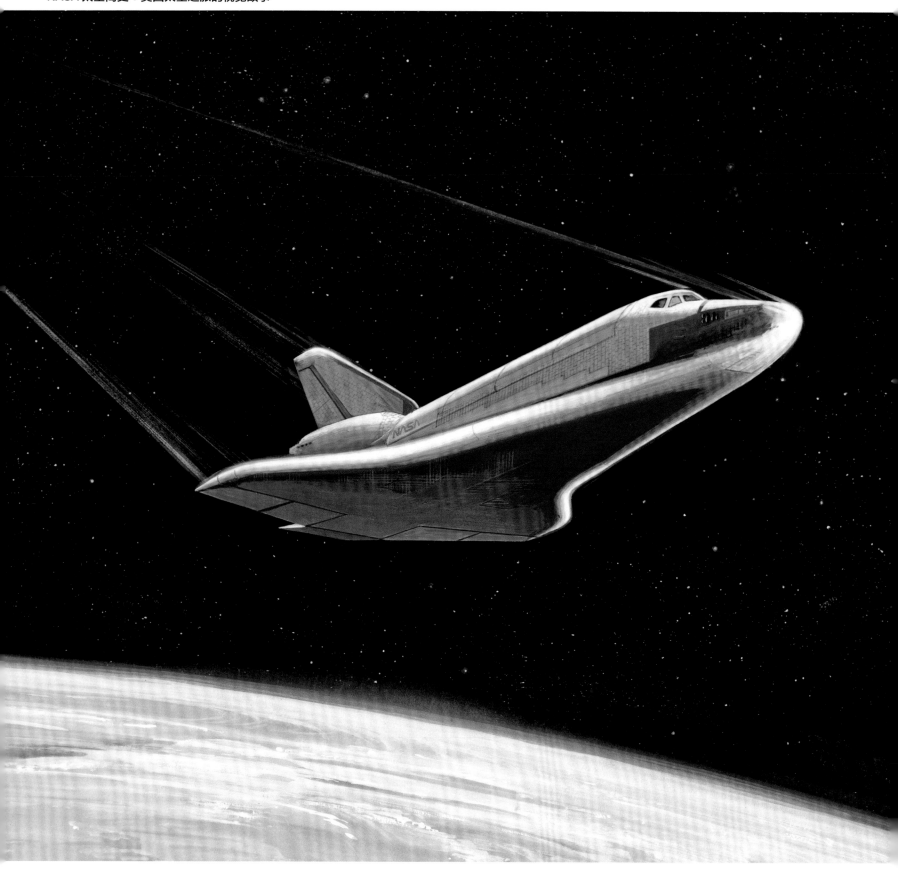

▲着陆

一架航天飞机在佛罗里达州的肯尼迪航天中心着陆。有翼航天飞机降落在类似于传统飞机使用的传统跑道上。这幅 M. 阿尔瓦雷斯的画由 NASA 发布。

◀逐渐变热

某未知艺术家在 20 世纪 70 年代后期创作的这幅画令人印象深刻。画面中，航天飞机正在再入大气层返回地球，强烈的大气摩擦使航天飞机的底部因发热而发出红光。

◄▲搭便车

有时，航天飞机着陆点和 NASA 的维修厂房之间距离很远。航天飞机被安装在一架改装的波音 747 飞机上。这里的两幅插图都可以追溯到 20 世纪 70 年代末，展示了航天飞机从着陆点到 NASA 维修厂房的转移过程，分别为与波音 747 飞机装配或拆分时的框架结构。

▲▶未来空间站的模板

罗伯特·麦考尔为斯坦利·库布里克在 1968 年导演的电影《2001：
太空漫游》所创作的海报。上图中，一名航天员在一个能够制造
重力的离心机中展示他的宇航服，右图是一个巨大的太空酒店，
也利用了同样的产生重力的原理。

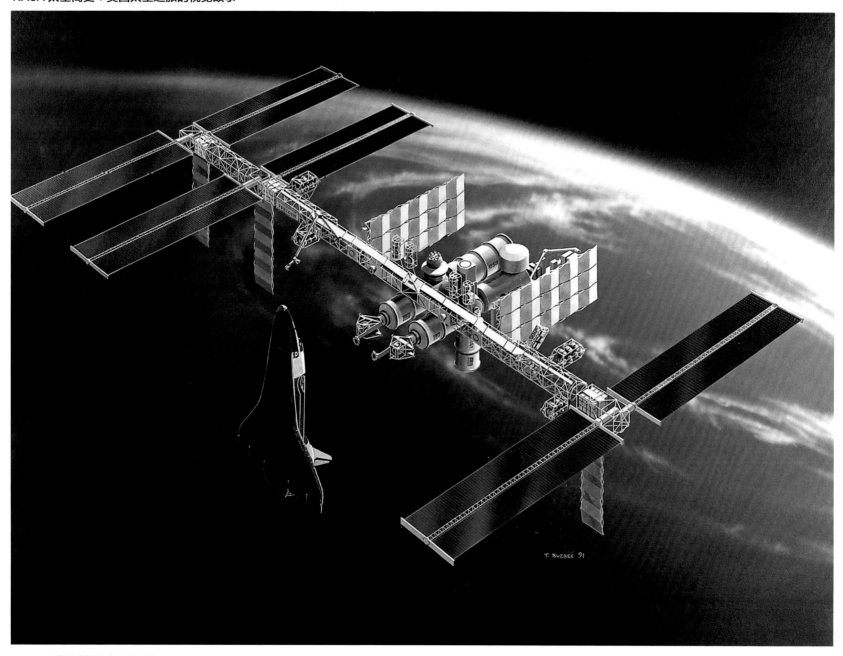

▲▶两个版本的自由号空间站

上图为 NASA 马歇尔航天中心艺术家汤姆·布兹比于 1991 年为自由号
空间站设计的概念图，比最终的国际空间站规模稍小。右图是一位未知
艺术家为自由号空间站设计的同类概念图。

▲操控交会对接

这幅概念设计图显示了在空间站附近的交
会对接控制点，两名航天员正在小心翼翼
地操控航天飞机与空间站对接。这些控制
装置位于驾驶舱的尾部。这幅插图的早期
版本是两名男性，在1978年NASA招募了
第一批女航天员后，艺术家对这幅插图进
行了修改。

▲欧洲的合作者

欧洲航天局是 NASA 的主要国际合作者之
一。这张 1977 年的剖面图展示了一个由
欧洲航天局开发的可重复使用的太空实验
室舱，这个特殊的舱参与了 22 次航天飞
机任务。

►形式众多

帕特·罗林斯是 NASA 最杰出的艺术家之一。这幅创作于 1987 年的作品展现了与自由号空间站对接的航天飞机。这只是太空国际前哨站的众多设计形式中的一种。

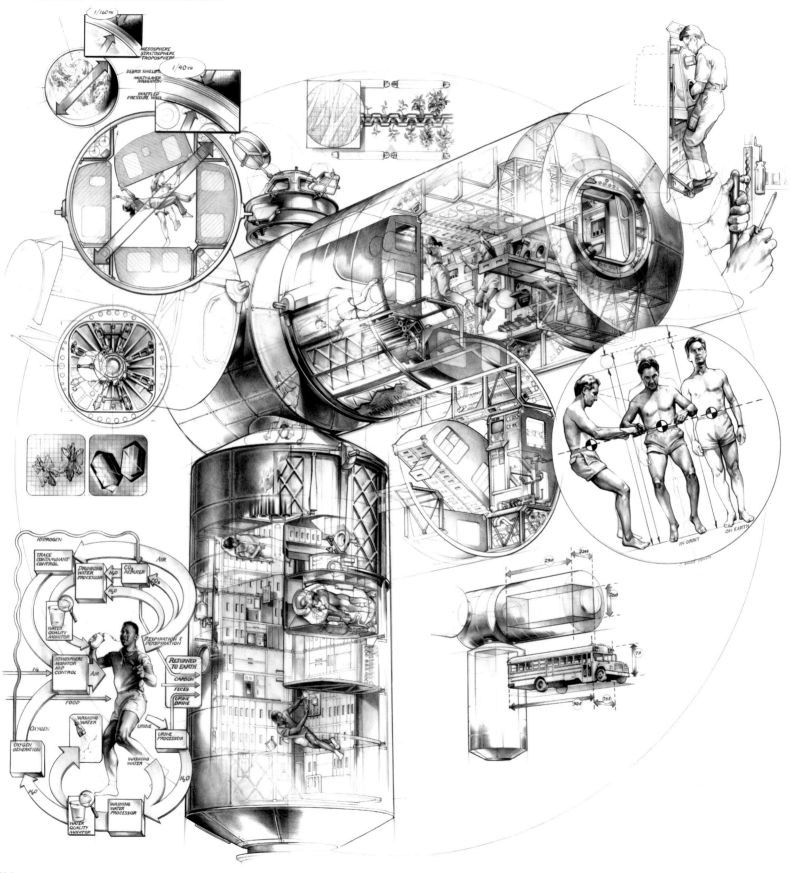

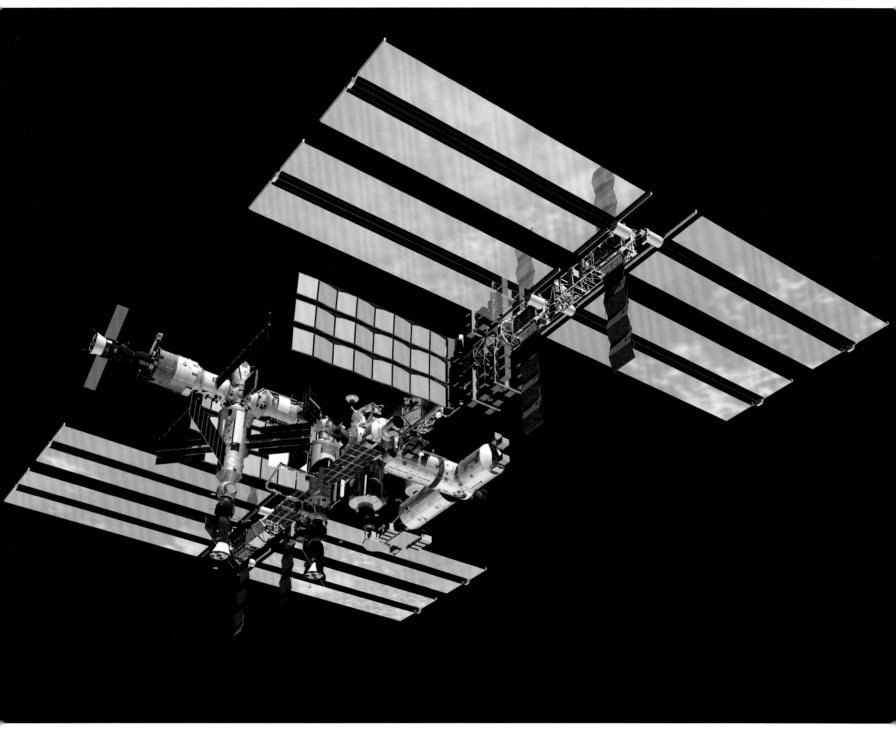

◀可移动的组件

布鲁斯·莫瑟在1990年创作了这幅作品，强调了空间站上配备了可移动的组件，包括科学实验仪器和其他设备。

▲另一种绘图工具

用计算机制作图像不一定比用铅笔和笔刷制作图像更省力。这是2006年约翰逊航天中心渲染的国际空间站图，极度逼真。

◀有用的货运飞船

欧洲航天局艺术家大卫·杜克罗斯在2014年渲染的自动转移飞行器，它承担为国际空间站运输货物的职责。原计划自动转移飞行器也是 NASA 猎户座飞船的主要推进模块。

▶商业企业

作为 NASA 服务合同的一部分，SpaceX公司制造的"龙"飞船将投入使用。（译者注：本书翻译出版时已经投入使用。）这张图展示了载人"龙"飞船接近空间站的场景。

▲实施维修

此图由哈罗德·斯梅尔瑟创作。画面上，
国际空间站航天员在舱外更换一个组件。
空间站上的航天员确实花了很多时间维护
国际空间站。

◀太空中的理想住所

这幅画展示了 20 世纪 70 年代末 NASA 对
太空生活的设想。但在真正的空间站舱段
中，各种设备比想象的画面要杂乱得多。

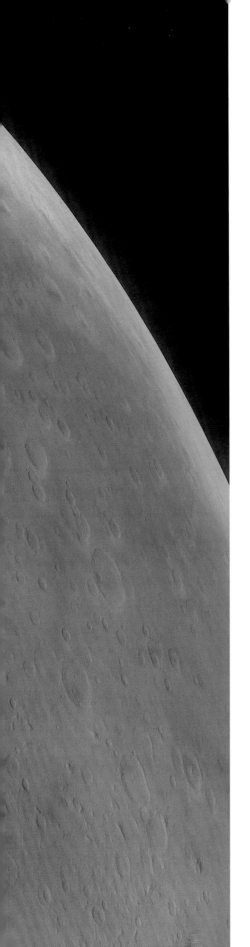

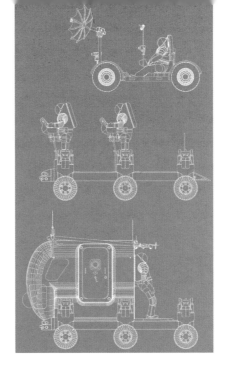

4

勇闯新世界

重返月球并进军火星

自1969年阿波罗11号登月成功以来，我们一直在努力确定人类太空探索的下一个主要目标。如今，我们也许即将找到答案。

◀火星的诱惑

在2017年的概念设计图中，一架可重复使用的单级火星上升/着陆飞行器（MADV）正在与火星轨道上的"火星大本营"（MBC）交会对接。

如今，火星似乎和我们的后院一样近。其高清图像可以在几小时内下载到计算机里。但距离我们亲自去那里还有多远呢？人类登陆火星似乎是我们经常想象的一个场景，但这还没有发生。

1989年7月20日，乔治·布什（老布什）庆祝阿波罗11号飞船登月二十周年。阿姆斯特朗、奥尔德林和柯林斯站在乔治·布什身边，乔治·布什说："在20世纪90年代，我们有空间站。在未来的新世纪里，我们应该回到月球上。"然后，他说了一句航天界听到的最悦耳的话："开

启明天的旅程，去往一个星球的旅程，那就是载人火星任务。"约一年后，这个项目因成本高昂，被悄悄放弃了。2004年1月，乔治·W.布什（老布什的儿子小布什）也宣布了一项类似的计划："我们将探索太空，并使人类走遍整个太阳系。一种被称为乘员探索飞行器的新型航天器将取代有缺陷的航天飞机系统，自1972年之后再次把人类送出地球轨道，最早在2015年实现载人登陆火星并在那里工作生活。"不久后，乔治·W.布什建议NASA应准备好执行"人类前往火星及更远行星的任务"。

▲令人震撼的景象

帕特·罗林斯在 1988 年描绘了第一批前往火星的人类访客探索巨大的诺克提斯沟网峡谷区域的场景。太阳刚刚升起，晨雾遮住了深度为 6 千米的峡谷的底部。

▲雄心勃勃去火星

图为艺术家皮埃尔·米恩在 1984 年的想象：
火星飞船在空间站附近完成几个月的建造后
离开地球轨道。前面的"减速伞"是为进入
火星大气层而设计的。

当我们殷切盼望着被称为"猎户座"的飞船及类似土星5号火箭的大型航天发射系统（SLS）时，政府部门却对目标摇摆不定，他们在纠结究竟是跳过月球直接在未来某个时候前往火星，还是搁置火星计划而选择重返月球。似乎离第一个足印出现在火星表面锈红色的尘土中的日子越来越近了，不过更有可能的是新的足迹将出现在灰色的月尘中。

当然，载人火星探索已经计划了很长一段时间。冯·布劳恩在1952年创作的《火星计划》一书中，描述了一支由4000吨重的飞船组成的舰队前往火星的故事。它们利用滑翔机完成降落，滑翔机有巨大的机翼，专门为适应火星的稀薄大气层而设计。

20世纪60年代，NASA提出了一种利用核动力火箭飞行器将人类送往火星的想法。20世纪末，将核技术用于航天推进受到争议，这个方案于是被放弃。罗伯特·祖布林等工程师提出似乎更高效的设想：在运送人类之前，将传统化学火箭及各种重要货物，包括空的地球返回舱等先运抵火星。当充足的设备安全部署在火星上之后，人类再乘坐相对较小的单程飞行器前往火星。

NASA和它的国际合作者在继续研究如何到达火星，但困难重重。

▼充气式火星之家

这张由约翰·弗拉萨尼托在2003年创作的CGI渲染图展示了使用一种坚固、轻便的材料搭建的火星居住地。这种材料类似于用于制作防弹背心的织物。

◄快到降落那天了吗？

2017年，火星上升/着陆飞行器计划被提出，该图展示了航天员们在着陆后准备使用小型单座火星车探索火星表面的场景。

▲ **移动基地营地**

这张 CGI 图由约翰·弗拉萨尼托绘制于 2003 年，展示了遥控机器人和加压漫游车帮助火星航天员探索火星的场景。

▶ **从未过时的着陆器**

每隔十年，NASA 就会创造出一个新的载人火星任务架构。这幅基于"减速伞"概念的插画绘制于 1984 年，那时设计的"减速伞"现在仍然可以使最新的大型有效载荷在进入火星大气层时安然无恙。

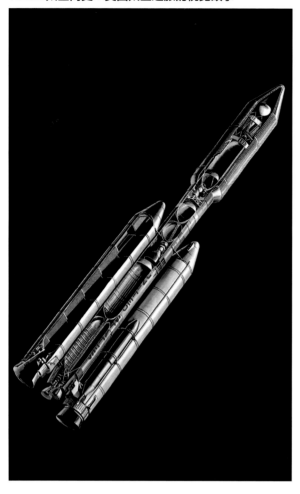

▲实用的火箭

工程师兼艺术家查尔斯·贝内特在 1972 年
创作的泰坦 - 半人马运载火箭剖面图，这是
NASA 几次深空探测器任务的"座驾"，包括
20 世纪 70 年代中期的火星海盗号探测器任务。

▶着陆步骤分解

拉斯·阿拉斯米斯描绘了海盗号探测器的
着陆步骤：与轨道母船分离、进入火星大气、
打开降落伞减速、在火星表面着陆以及最
后用可伸长的机械臂收集样本。

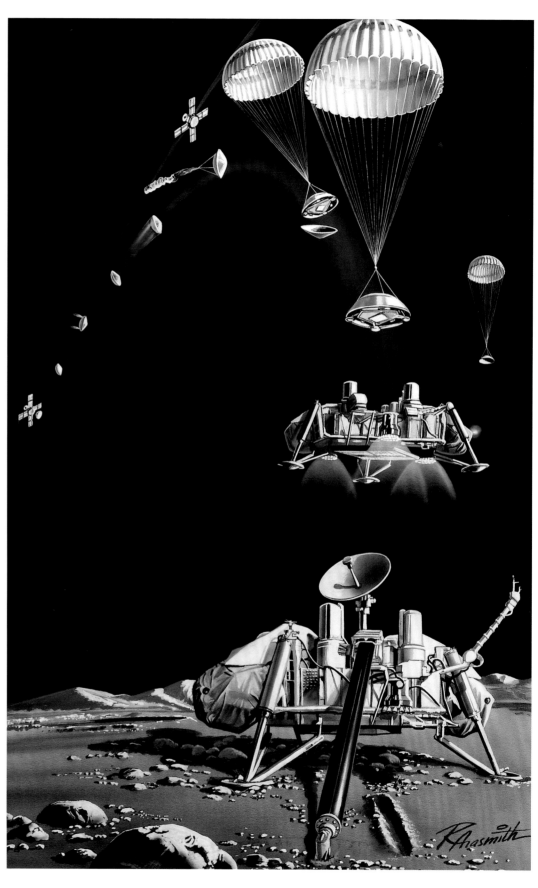

CHARLES O BENNETT

▲智能机器人

在海盗号探测器实际着陆火星三年前，查尔斯·贝内特就描绘出了这一场景。海盗号探测器是半自主机器人，配备了最先进的智能系统。

◀ 2020 年的愿景

图为帕特·罗林斯在 1997 年的画作，被乐观地命名为《2020 年的愿景》。画面上，一位太空生物学家似乎发现了一个可以证明火星曾经存在过或现在依然存在生命的样本。

▲拜访老朋友

上图是罗林斯1991年为NASA约翰逊航天中心创作的。画面上,首批抵达火星的人类正在检查古老的、被尘沙覆盖的海盗号探测器,以研究火星环境对航天器的影响。

▲工作中的车轮

约翰·弗拉萨尼托在 2002 年创作了此图，图上是一辆火星漫游车，它的轮子非常醒目，专门设计用于安全地爬过岩块和巨石。

▶漫长的回家之路

在帕特·罗林斯 1995 年创作的这幅画中，两级着陆器的上面级起飞后正在穿过稀薄的火星大气层，开启了长途跋涉返回地球旅程的第一阶段。

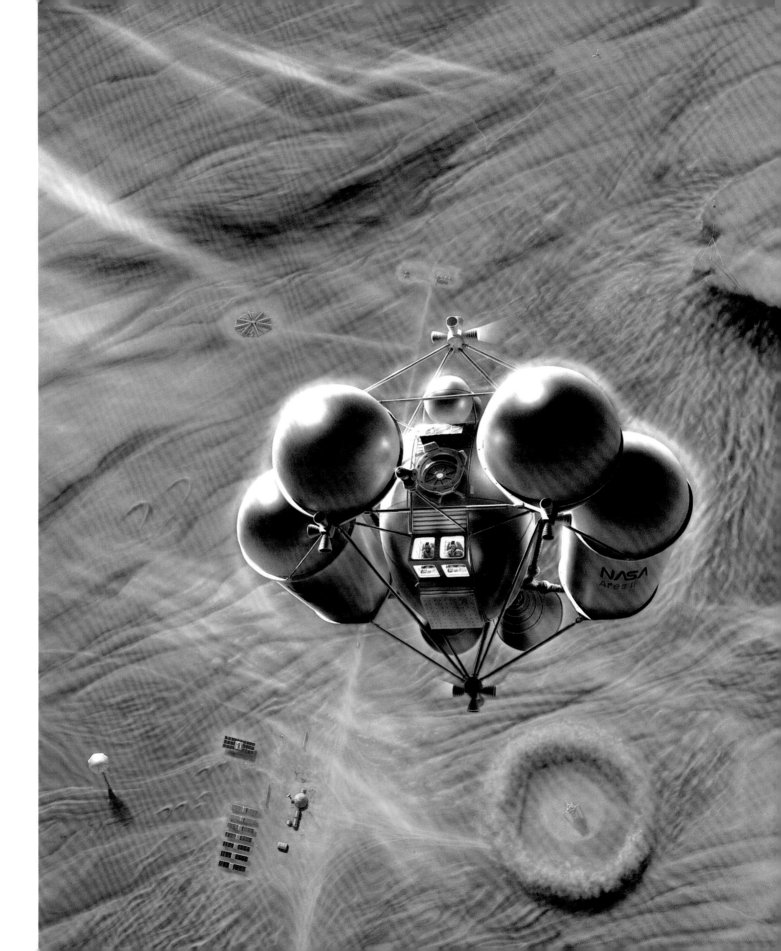

◀迄今为止最大的火星漫游车

这个有两辆汽车大小的"火星2020"毅力号漫游车于2021年2月直径为在45千米的耶泽罗陨击坑内着陆。它的任务是寻找火星上古代生命留下的痕迹，测试可以帮助人类探索火星的技术，收集和保存火星土壤和岩石样本，为将来可能返回地球做好准备。

▲太空中的下一步

NASA 在 2015 年正式公布航天发射系统（SLS）的构型方案，用于发射新的飞船"猎户座"。SLS 是自土星 5 号以来最强大的火箭，能够携带猎户座飞船脱离地球引力前往月球以及火星。建造猎户座飞船的目的是把人类带到比以往更远的太空。

（右图及 138 ~ 139 页）

▶猎户座全速行驶

这是猎户座飞船。主舱看起来类似于阿波罗号飞船的主舱，但实际上其比阿波罗飞船的要大得多，最多可容纳 6 名航天员。

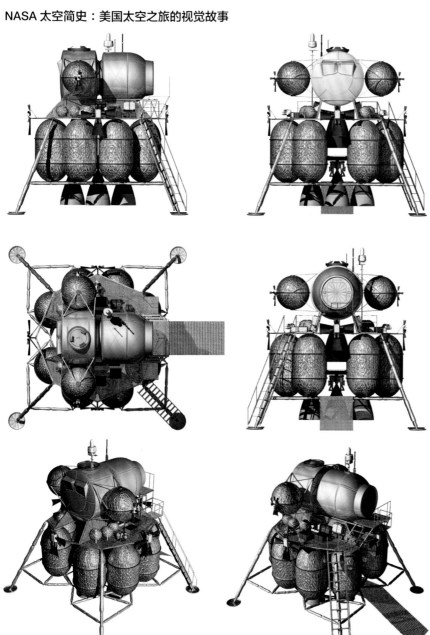

▲▶重新利用过去的设计

这是 NASA 原本希望在 2018 年发射的用
于人类重返月球的着陆器"牵牛星"，该项
目在 2011 年被取消，后来以猎户座飞船和
SLS 项目的形式部分恢复。

重返月球？

月球是一个我们曾经安全抵达过的地方。现在的问题是任务的持续时间和目的。重返月球待上几天？还是尝试在那里永远定居下来？或者，最佳选择介于两者之间？每个艺术家的设想都略有不同，但文学家对月球的种种幻想最富吸引力：一个永久的月球基地，部分埋在月壤中，用来保护居民免受宇宙辐射危害，并保持舒适温度。

这些我们可以随时去做。20世纪60年代的技术就能让人类登上月球。在21世纪，我们当然可以做得更好，可以把人类送到月球，在那里停留更长的时间生活工作，甚至定居下来。只需3天时间就可抵达。同样，辐射问题也可以通过使用月球上丰富的建筑材料建造庇护所来解决。火星一直难以抵达，但月球探索为人类的火星探索任务提供了更直接的信心。

▼▶现在看来没有那么不同

下图是特里·L.森迪对冯·布劳恩1953年的设想的数字化艺术描绘，创作于1999年。虽然这个想法可以追溯到1953年，但它在今天仍然没有过时。右图为2007年NASA构想的牵牛星月球着陆器，看上去似乎直接继承了冯·布劳恩的设想。

◄售卖太空服务

图中月球运载器上的众多标识表明：未来，在人类探索月球时可能会有很多商业化活动。

▶常态化往返

由于NASA的最新目标是在2024年载人绕月飞行，2025年载人重返月球，科学家提出了一个两级着陆器的设计方案，将在月球表面和月球"门户"之间运行。月球"门户"是NASA提出的计划在月球附近建立的一个新空间站。

◄未来的航天服

未来的月球航天服的入口可能在后面。航天服挂在月球车的舱门外面，航天员通过衣服背面与舱门的连接处方便地爬进爬出。由于航天服从未进入过航天器，所以航天员不会把月球的尘埃和污垢带进航天器内部，这样可以保证航天器的安全和航天员的健康。因为2009年约翰·弗拉萨尼托创作的想象画。

▲转瞬即逝的月球愿景

受《国家地理》杂志委托，戴维斯·梅尔策为 1969 年 2 月刊创作了这幅月球基地愿景，展现了后阿波罗时代的探索者居住在坚固的月球基地的场景。在这幅画创作当年，因资金削减，阿波罗 18、19 和 20 号任务计划都被取消。

▶何时能实现？

罗伯特·麦考尔最著名的作品之一就是为 1968 年的电影《2001：太空漫游》创作的海报。海报展示了航天员与远处的月球城市。前景中，一名航天员手里拿着一台平板电脑。

Pat Rawlings '88

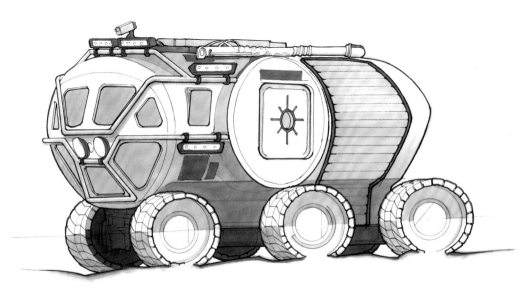

▼月球上的下一辆车?

这是汽车设计师马克·特怀福德设计的可
居住漫游车。

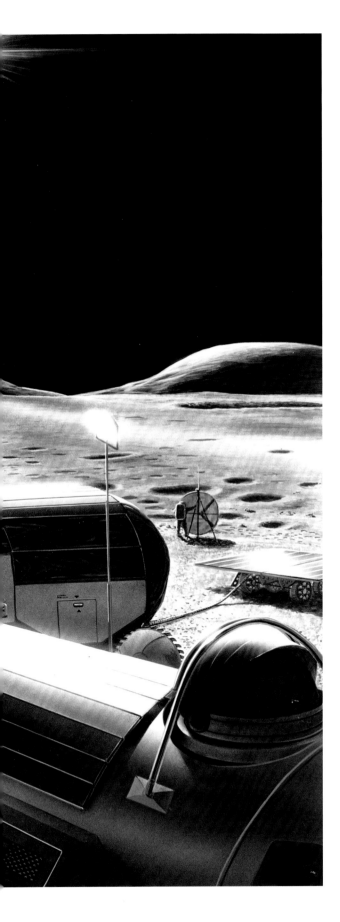

◀小鹰号登月舱回归月球之梦

这幅插图是帕特·罗林斯在 1988 年绘制的。
1988 年 4 月, 在休斯敦举行的一场题为"21
世纪的月球基地和太空活动"的行业会议
上, 这幅插图得到了宣传。

151

▲抵达月球前的最后一站

图为在 1977 年提出的月球轨道空间站设想，具有如今 NASA 提出的月球"门户"计划的很多特点。这张图片出现在 1977 年 NASA 出版的《未来航天活动纲要》中。

▶月球中转站

这个剖面图展现了一艘猎户座飞船与月球"门户"空间站对接的场景，人们认为月球"门户"空间站是未来几年探索月球的起点。

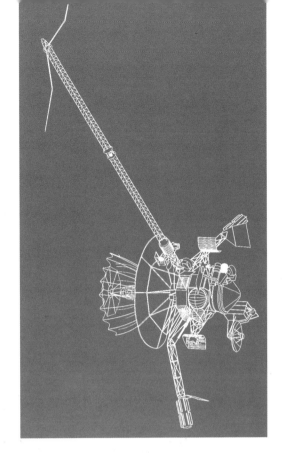

5

广阔前景

探索比火星更远的宇宙深处

关于浩瀚的宇宙，我们已知的只是很小的部分。对于未知的宇宙的探索哪怕只是很小的一点，也是巨大的成就。

◀穿过长长的彗尾

图为英国太空艺术家大卫·哈迪 1996 年为
NASA 和欧洲航天局创作，表现了尤利西
斯号探测器穿过百武彗星尾部的情景。

目前，月球和火星以外的宇宙天体还不在人类可抵达的探索范围之内。尽管斯坦利·库布里克和亚瑟·C.克拉克在 1968 年著名的《2001：太空漫游》电影和书籍中描绘了利用核动力载人飞船探索木星的动人愿景，由罗伯特·麦考尔创作的电影海报成为太空艺术作品的一个经典，但是我们还没有能力把电影中美好的想象变成现实。从积极的方面来看，NASA 的很多无人探测器已经探索了太阳系内遥远的区域。如卡西尼号探测器是 NASA 和欧洲航天局的联合项目，绕土星运行了 13 年时间，偶尔掠过一些同样有趣的卫星。2005 年 1 月 14 日，卡西尼号的可分离有效载荷——欧洲航天局的惠更斯号着陆器在土卫六着陆，拍摄了液态甲烷海洋和河流流过冰山一侧的

景象，从而证明了在这个寒冷、可怕的世界里存在有机化学物质。因此这里也许会存在生命。

2017 年 9 月 15 日，卡西尼号结束了任务，故意坠毁到土星大气层，以避免对可能存在生命的土卫六或土卫二的意外污染。2015 年 9 月，卡西尼号影像组负责人卡罗琳·波科博士说："NASA 在土卫二上发现了至少一个可栖息地，在那里，或许正在诞生生命。这种可能性让人深受鼓舞，能让最麻木的灵魂感到敬畏和兴奋。"NASA 的木星探测器伽利略号也在 2003 年以类似的方式坠毁到木星大气层，木卫二是木星的一个小卫星，布满冰层的表面之下隐藏着液态水海洋，可能存在丰富的有机生命。

2006 年 1 月，新视野号探测器发射。2015 年

▶历史性的探测器

"水手2号"是世界上第一个成功的行星探测器，由NASA在1962年8月利用阿特拉斯-阿金纳火箭发射。同年12月，水手2号探测器在距离金星33796千米的地方掠过，拍摄了金星的近距离特写图像。

7月，它飞掠"矮行星"冥王星。新视野号探测器拍摄了大量令人惊叹的图像，表明了冥王星是和八大行星一样丰富、复杂、清晰的世界，甚至有稀薄的大气层。现在，新视野号探测器的目标是柯伊伯带，这是一个迄今尚未被探索的地区，保留着40亿年前太阳系形成时留下的零星的岩石和碎冰。之后，探测器将继续工作，直到远离太阳系。但是早在新视野号探测器进入计算机辅助设计阶段之前，它未被赋予星际使者的使命。也许，早在半个多世纪前，NASA最令人难以置信的太空事业，就是制造出有能力前往其他恒星的探测器，并且这些探测器在人类和地球完全消失很久之后依然能够完好无损地生存下来。

在20世纪60年代末，仅仅到达月球已经够困难的了，但NASA位于加利福尼亚州帕萨迪纳的喷气推进实验室制订了探测器穿越太阳系的计划。每隔176年，这些巨大的外行星——木星、土星、天王星和海王星——都会排列在太阳的同一侧。NASA知道，这样的排列组合会出现在20世纪70年代末，这是一个非常特别的机会，不容错过。喷气推进实验室制订了利用行星引力场的计划，探测器依次从每个外行星获得引力辅助，改变路线并加速驶向下一个目标。这个计划被称为"伟大的旅行"。NASA的双探测器——旅行者1号和2号，分别在1977年8月和9月发射。两年后，它们掠过木星，传回了一个令人惊叹的木星影像，有复杂的

157

带状云和永久的红色飓风以及可以吞下几个地球的大红斑。木星引力加快了旅行者号前往土星的速度，在那里，它们拍摄到了比任何人预期的更复杂、更精细的土星环。

旅行者1号前往土星的众多卫星，而旅行者2号则在1986年继续前往天王星，3年后又前往海王星。当旅行者1号终于脱离了土星引力的束缚，漂流到更远的太空时，它最后传回的一张图像显示：地球只是在黑暗中的一个"暗淡蓝点"，由一颗遥远的恒星——太阳所引领。

我们给"他们"的信息

考虑到外星生命可能截获这些地球信使携带的信息，每个旅行者号携带了一张直径为12英寸

（0.3米）的镀金铜质唱片，唱片刻有螺旋凹凸痕，采用了最好的留声机技术。保护箱里有一张指导如何使用唱针来播放唱片的图表。这是一张太空时代的黑胶唱片，包含了地球上的热门歌曲，由NASA及其特别文化顾问委员会精心挑选。

这些唱片还收录了116幅地球上生命的模拟编码图像，如海豚、大象、蟾蜍，当然还有人类。音频包括了各种自然的声音，如海浪、风声和雷声，以及鸟类和鲸类的歌声。还选择了一些经典音乐，比如巴赫、贝多芬、秘鲁长笛以及查克·贝里的歌曲。

还有使用55种语言的简短问候，美国总统吉米·卡特以及联合国秘书长库尔特·瓦尔德海姆和来自其他国家和组织的领导人的文字信息。

▶遥望我们的恒星

唐纳德·E.戴维斯为NASA创作的这幅画展现了先驱者10号在离开太阳系进行无限航行时回望太阳的情景。

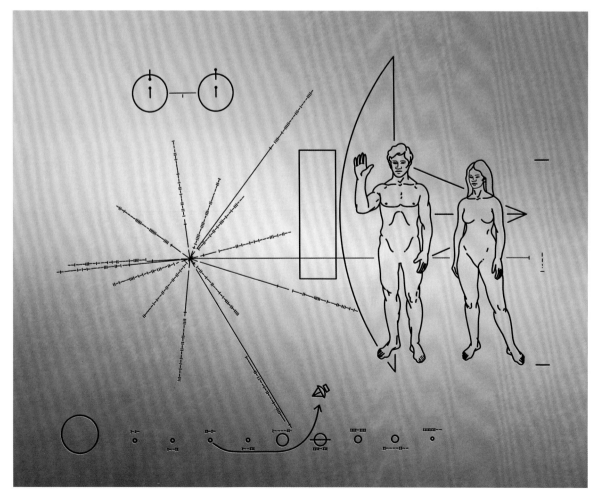

◀星际信使

先驱者10号和11号都携带了一块小型金牌匾，上面标明了它们来自哪里，以便在遥远的未来任何可能在太空中发现它们的外星人了解它们。先驱者10号正前往金牛座的恒星毕宿五，需要200万年的时间才能到达。先驱者11号将会在大约400万年后遇到另一颗恒星。或许，在人类消失之后，这些硬件仍然会存在很长时间。

另一对著名的行星探测器比旅行者号早5年发射。1972年3月发射的先驱者10号是首个飞掠木星的探测器。它现在正前往金牛座的恒星毕宿五。它的姐妹探测器先驱者11号现在与太阳之间的距离超过160亿千米。虽然旅行者号发射较晚，但与先驱者号探测器的飞行轨迹不同，这使得旅行者号反而走在更快的星际探索轨道上。

每个先驱者号都带着一个刻有图案的矩形金属牌匾。左上角是由两个氢原子组成一个分子的示意图。这是宇宙中的基本物质，任何能够截获NASA探测器携带的信息的外星文明都应该知道。其他图案表明了先驱者号的来源：来自在天空中能看到的特别明亮的恒星周围的第三颗行星。图上最突出的是一对人类夫妇，一个男人和一个女人，后面是等比例的先驱者号探测器，以显示人类的实际大小。

外星文明可以在未来很多世纪以后解开这些谜团。但对我们这一代来说，牌匾和镀金唱片记录的是我们自己的信息，而不是外星人的信息。

先驱者号和旅行者号携带的图像和声音是用雕刻技术完成的艺术珍品，我们希望外星人看到我们的形象或听到我们的声音时可以欣赏到人类的优雅。自从这些任务发射以来，人们的态度发生了变化，不再认可图像中表现的场景，特别是：为什么是男人在挥手而不是女人？NASA解释说：如果两个人都举手表示问候，外星人就会认为人类每天都举着一只胳膊行走，各种姿势的展示都是有意义的。

所有艺术家对深空任务的描述都涉及对距离尺度的描述。几乎所有关于太空探测器、太空望远镜、机器人着陆器和飞掠探测器的描述都将距离缩小成能够用单一画面描述的程度。我们也经常看到飞行器轨迹被描绘成颜色整洁的曲线。这也是一种抽象，尽管它已经变得非常普遍。如果没有用眼睛看到那些明亮的圆形或椭圆形路线，我们很难想象"轨道"一词。但没有任何艺术家能想象出或画出一条超出太阳系边界范围的轨迹曲线，因为在宇宙的尺度下，"轨迹"的含义已无法传达。实际上太阳和地球也在宇宙中漂流，它们作为银河系一个极小的部分也在航行，每2.25亿年绕银河系中心缓慢旋转一周。

宇宙中最远的地方

太阳系中的行星和卫星还算是探索太空时容易到达的地方。尽管宇宙中的大部分天体都离我们非常遥远，但我们可以通过NASA的太空望远镜看到相当大的一部分。哈勃太空望远镜于1990年4月24日发射，第二天从发现号航天飞机的有效载荷舱释放到太空。尽管在发射前已经做了十多年的准备，一处重大故障还是影响了哈勃太空望远镜首次运行时的成像结果。这台耗资20亿美元的仪器本应提供有史以来最清晰的深空图像，但它拍摄的第一张测试图像就失焦了。地面上进行紧急检查，发现哈勃太空望远镜主镜的边缘磨平得过多，多磨了2.2微米，相当于人类头发直径的五分之一。同样令人不安的是，哈勃空间望远镜巨大的太阳能板在其穿过地球阳照区和阴照区的交界时都会弯曲变形。

幸运的是，哈勃太空望远镜从一开始就被设计成可由航天飞机航天员进行维修的模式。NASA和它的合作者设计了一个巧妙的装置，叫作太空望远镜光轴补偿光学改正（COSTAR）系统。它和老式电话亭大小差不多，关键部件是比硬币还要小的微型矫正镜。1993年12月2日，奋进号航天飞机搭载救援队起飞。用机械臂将哈勃太空望远镜拉进奋进号的货舱。

▶ **伟大的旅程**

卢·诺兰在1970年为NASA喷气推进实验室描绘的先驱者10号正沿着弧线远离冥王星轨道的形象。先驱者10号的轨道经过木星，并在穿越行星际空间之后继续它的旅程。

◀木星的小卫星

迈克尔·卡罗尔在2002年描绘了NASA的伽利略号探测器经过木星的小卫星木卫五附近的场景。气态巨星的极光、大红斑和淡淡的冰环都被描绘出来。在航天器的左边可以看到出现故障的天线。

航天员斯托里·马斯格雷夫、杰夫里·霍夫曼、托马斯·艾克斯和凯瑟琳·桑顿通过5次总计35小时的出舱活动更换了有故障的太阳能阵列，并安装了COSTAR和其他设备。哈勃太空望远镜不稳定的第一阶段很快就被遗忘了，它随后成为历史上最受欢迎和科学成果最多的设备之一。它为我们带来了恒星和数十亿计遥远星系的图像，也给天文学家带来无数的新知。这些美丽的画面也彻底改变了公众对宇宙以及我们在宇宙中的地位的认知。

哈勃太空望远镜的继任者，詹姆斯·韦布空间望远镜（JWST）将很快发射（译者注：詹姆斯·韦布空间望远镜已于2021年12月发射）。主镜直径为6.5米，由多个镜片组成，部署在一个平遮阳板上。支撑航天器具有推进与通信设备以及太阳能电池板，位于遮阳板的另一边。

詹姆斯·韦布空间望远镜将观察到非常遥远的星系，通常它每秒只要能从一个给定的天体接收到一个光子，它就可以对目标天体成像。

这个有史以来部署在太空中的最大的望远镜被设计用来接收尽可能多的光子，特别是在红外波段。由于对灵敏度要求极高，詹姆斯·韦布空间望远镜需要在深空中运行。它将在距离地球约150万千米的轨道上工作，这个被称为第二拉格朗日点（L2）的特殊位置能确保太阳、地球和月球总是安全地在望远镜的遮阳板后面，从而保护主镜和光收集器免受来自天体的漫射热以及眩光的影响。

走向未来

著名科幻作家亚瑟·C.克拉克说："终有一天，我们将不再乘坐宇宙飞船旅行。我们将成为宇宙飞船。"在某种意义上，人类已经是这样了。机器人探测器是我们的思想和躯体的延伸，我们可以

▶如果一切按计划进行

这张1989年的示意图展示了主天线完全展开时伽利略号探测器的样子。

▲一个真正陌生的世界

左图由克雷格·阿特贝里为欧洲航天局创作，描绘了 2005 年惠更斯号探测器降落在土卫六上的情景。土卫六的表面中有厚厚的甲烷大气、碳氢化合物降雨形成的河流、甲烷湖泊以及冰山。

操控远程操作爪在遥远星球的土壤中挖取样本。这是否意味着我们不再需要亲自抓一把外星球的尘土？自太空时代开始以来，这一直是最大的争论。从逻辑上看，机器人探测器是太空探索中最安全、最有效的工具。

科学技术表明，最终从地球出发飞出太阳系的可能是人类意识和机器结构的混合体。

NASA 必须谨慎地对待如此遥远的想法。即便如此，NASA 偶尔也会对新奇概念进行推测研究，比如比光快的物理现象或者容纳成千上万定居者的巨大太空基地。不久前，美国一位颇有魅力的演讲者讲到太空，他说太空移民是缓解地球上环境压力的一种方式。在 20 世纪 70 年代末，普林斯顿大学物理学教授杰拉德·K. 奥尼尔提出一种设想：太空基地绵延几千米长，每个这样的基地都能够支持成千上万的人生活在树木繁茂的郊区，巨大的蛋形或环形壳旋转着提供人工重力，巨大但轻如羽毛的太阳反射镜漂浮在周围，为栖息地提供能源和照明。NASA 的艺术家们用画作呈现了这些想象中的场景，以提醒人们：太空冒险才刚刚开始，人类如果愿意，可以走得更远。

NASA 甚至有设计一艘星际飞船的计划。1994 年，物理学家迈克尔·阿库别瑞提出了一种加快星际航行的曲速引擎。距离地球最近的恒星半人马座比邻星也在 4 光年之外，利用曲速引擎，只需要 5 个月就可以抵达比邻星而又不违反爱因斯坦提出的"没有任何物体能比光快"的规则。阿库别瑞曲速引擎的原理不是穿越太空，而是创

▶接近太阳飞行

信使号探测器第一次拍摄到了水星表面壮丽的景观。在执行了 11 年的任务后，信使号探测器于 2015 年主动坠毁，以获得近距离的科学数据。

造出一个"负能量"场，将一艘静止飞船周围的时空扭曲，扩张后方时空，压缩前方时空。

　　让我们想象一下：有一条在许多机场都能看到的自动人行道，虽然快步前进的乘客最快也只能以人类的能达到的最快速度行走，但自动人行道（时空）的移动速度要快得多，所以最终效果是乘客到达目的地的时间比他自己快速步行所需的时间要短得多。曲速引擎需要特定形式的能量来创造类似的扭曲——并且，这种能量是以危险的反物质形式存在。不过，如果我们能安全、经济地利用这些能量，也许就能打开通往外星的道路。NASA鼓励艺术家极尽想象力地描绘阿库别瑞星际飞船，这些艺术家中数字设计师马克·拉德梅克最为突出。

　　我们人类能否在现实中实现这样的梦想？只有时间才能给出答案。让我们一起努力吧，凝望遥远的星空，继续欣赏这些与NASA相关的半个多世纪以来的华丽作品，并从中汲取灵感。

▲主动坠毁

卡西尼号探测器的土星任务的"大结局"：
对日落最后匆匆一瞥之后，探测器陡然坠
入土星高层大气，边坠落边传回宝贵的数
据，直到最后一刻。

▶数学的艺术

图为卡西尼号探测器在土星系统探测期间的全部轨迹,由 NASA 喷气推进实验室的计算机绘制而成。绿色的代表 2004 年至 2008 年间进行的主要任务,橙色的是"春分点"任务(2008—2010 年)的轨迹,紫色的是"夏至点"任务(2010—2017 年)轨迹。从抵达土星到生命结束,卡西尼号探测器航行了 19.2 亿千米。

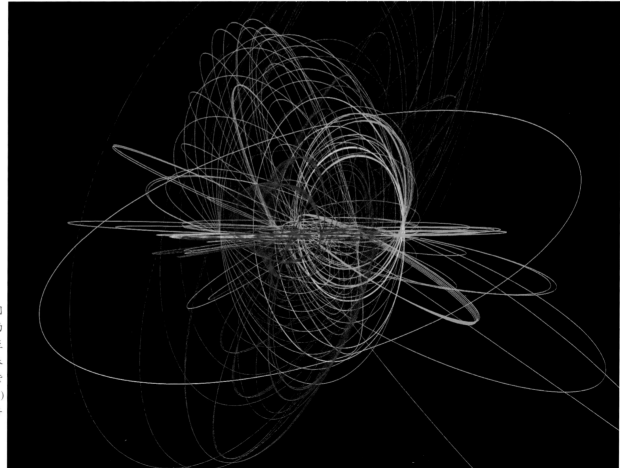

◀亲历者的画作

2016 年 11 月，NASA 邀请了 25 名艺术家参观了戈达德太空飞行中心（位于马里兰州）的詹姆斯·韦布空间望远镜。这幅精致的水彩画由乔安娜·巴纳姆创作。

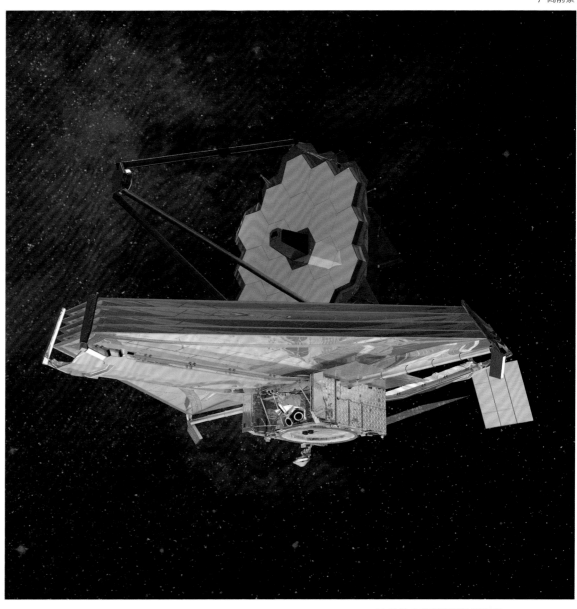

◀▲哈勃太空望远镜的继任者

詹姆斯·韦布空间望远镜将部署在距离地球约 150 万千米的特殊轨道。金属箔可以防止热量、光及其他太阳辐射毁坏仪器。詹姆斯·韦布空间望远镜由欧洲航天局的阿里安火箭（左图）发射。

▶蛋壳中的梦想

里克·吉迪斯在 20 世纪 70 年代中期创作了一系列著名画作，描绘了由普林斯顿大学物理学教授杰拉德·K. 奥尼尔设计的巨大太空基地。NASA 对这些推测性研究表示支持。这一架构有 3 个太阳反射镜，围绕着 2 个 31 千米长的圆柱形居住地，圆柱体末端的罐子用来种植作物。

【上图、右图及 174~175 页】

▲▶减轻地球母亲的负担？

里克·吉迪斯创作于 20 世纪 70 年代中期的作品进一步描
绘了人类在巨大太空基地上的生活。建筑材料将从月球上
开采。这一想法是为了减轻地球上的人口压力。事实上，
在这些构成要素中，对于正在地球上兴起的环保行动而言，
"闭环"式环境研究是最具价值的部分。

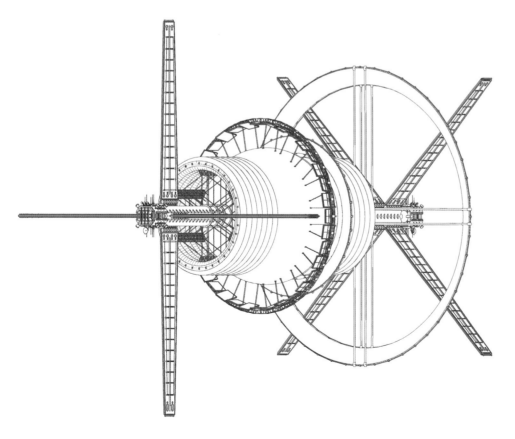

◄人类永不停止探险的脚步

亚当·本顿于 2009 年描绘的一个圆柱形太空基地。圆柱体缓慢旋转产生人工重力，营造出家园的舒适感。每一代人似乎都梦想着一个比他们当前居住地更为广阔的未来世界。对居住在这样一个圆柱体里的居民而言，又会有什么样的梦想驱使不安分的他们尝试离开呢？他们又会去往哪里探险呢？

◄探索未知的世界

在 1968 年罗伯特·麦考尔为《2001：太空漫游》创作的作品中，巨大的"发现号"核动力飞船派出一个单人飞船，去探究土卫八轨道上神秘的亮点。麦考尔在描绘火箭羽流时进行了夸张处理，以达到戏剧性的艺术效果。

▲逼真的星际飞船

图为英国艺术家阿德里安·曼恩对"伊卡洛斯"计划的描绘。"伊卡洛斯"是一艘巨大的机器人星际飞船，基于英国星际学会在 20 世纪 70 年代提出的概念，曼恩结合核聚变的最新研究对这一计划的描绘进行了完善。从 20 世纪 30 年代开始，英国星际学会的许多想法都为 NASA 的计划提供了参考。

EARTH YOUR OASIS IN SPACE

WHERE THE AIR IS FREE and BREATHING IS EASY

◄哪里也不如家

NASA 持续开展与艺术家和平面设计师的合作，以保持公众对未来太空探索中令人激动的可能性的认识。NASA 喷气推进实验室的创意团队在 2015 年创作了一组怀旧风格的海报，呼应了 20 世纪中期的旅行海报风格，名为"对未来的愿景"。9 位艺术家参与设计了 14 张海报，展示了在整个太阳系中等待着我们的巨大机会。但乔比·哈里斯的这幅图片则提醒我们：不要忘记，比其他任何世界都更好的世界，是我们自己的地球。

▶机器人助手

一个被称为"机器人航天员"的类人装置 2004 年出现在 NASA 探索火星的想法中。人类正通过人工智能扩展他们的活动范围。机器人已被送上国际空间站，未来，它可以携带工具帮助太空行走的航天员完成任务。

◀星际探索

NASA喷气推进实验室的首席科学家哈罗德·怀特设计出一种曲速引擎宇宙飞船的概念，并在2014年经由艺术家马克·拉德梅克的创作演绎引发关注。这种设计基于奇异的"负能量"粒子和其他尚未实现的想法。但基础物理学表明，曲速引擎也许某天是能够实现的。

▶探索太阳

该图展示了2018年发射的NASA"帕克"太阳探测器接近太阳的场景。"帕克"任务对我们理解影响地球上所有生命的"太空天气"事件做出了重要贡献。

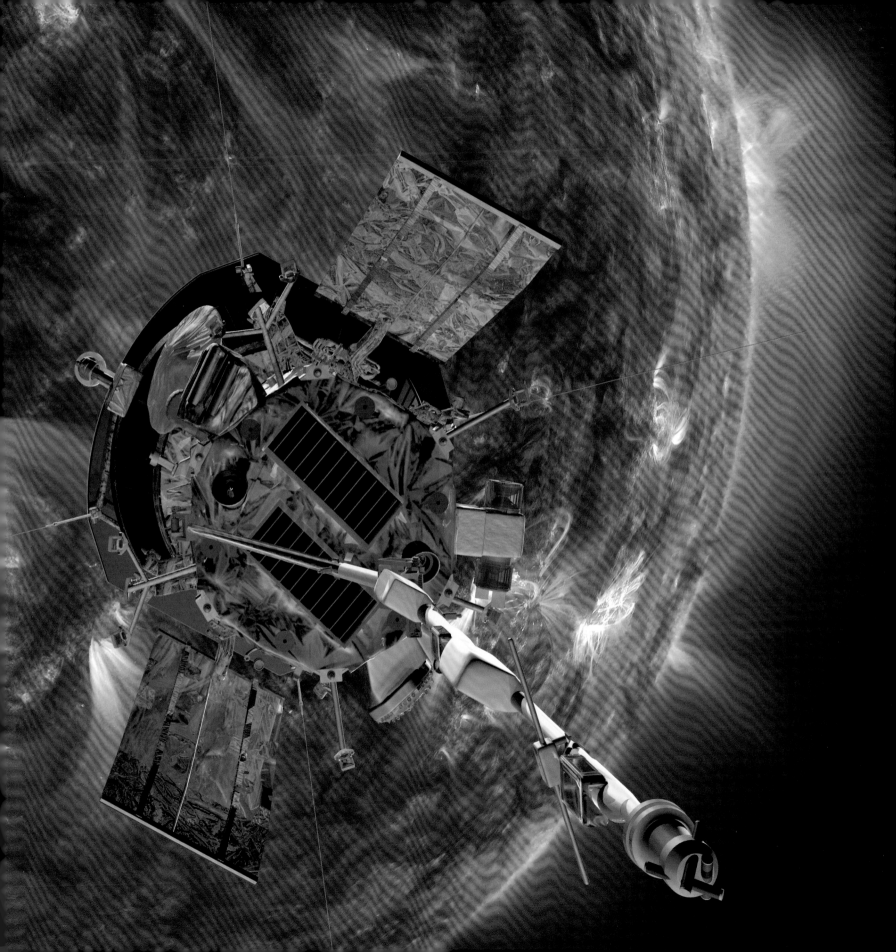

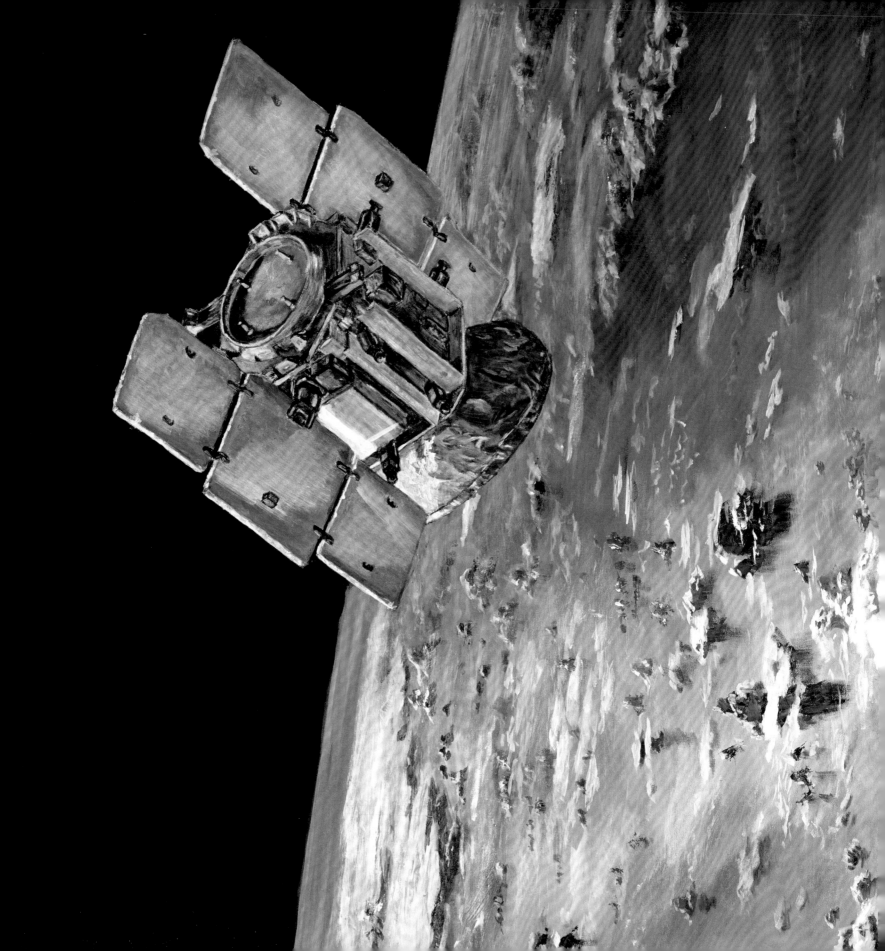

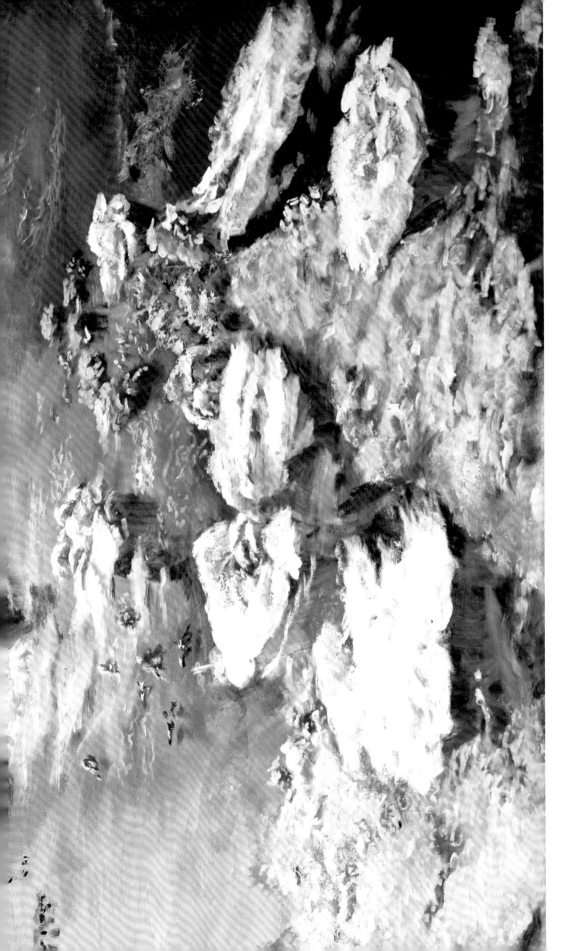

◀最重要的行星

我们对太空探索得越多，越明白这样一个事实：绝大多数的
人都在我们称之为"家"的这个地球上创造他们的未来。即
使是最宏伟的太空计划也不能容纳 70 亿人，更不用说容纳
与我们共同生活在地球上的所有的动植物。这幅 2005 年的
画作描绘了 NASA 的云探测卫星，云探测卫星是众多科学
卫星之一，探索对象是地球而并非遥远的恒星。

图片致谢

Joanna Barnum: 168

Adam Benton: 176-177

Chris Calle/Family of Paul Calle: 29, 48

ESA: 111, 78-79 (w. David A. Hardy), 116-117 (left), 169

Ed Hengeveld: xi, 19

Mike Jetzer: 22

Pamela Lee: 99

Adrian Mann: 179

McCall Studios: 31, 80, 88-89

Ron Miller/Nova Space: vi, 17 (top)

National Geographic: xiii, 14-15, 16, 55, 57, 61, 64, 70-71, 78-79, 123, 148

Mark Rademaker: 182-183

Patrick Short: 18, 24, 33, 56-57 (middle)

Joe Siclari: viii

John Solie: 93

SpaceX: 117

Terry L. Sunday: 142

Mark Twyford: 151

Warner Bros/Turner Entertainment: 106-107, 149, 178

Robert Watts: 36-37, 52, 54